IC3 GS5

最新計算機綜合能力
國際認證總考核教材

適用 IC3 GS5 2016 與 IC3 GS5

IC3 認證介紹

　　由全球資訊素養諮詢委員會(GDLC, The Global Digital Literacy Council)的學界/業界/政府代表認可的 IC3 國際認證，這張認證全球很多知名權威學術認可，例如：**美國大學入學測驗中心**(ACT, American College Test)、**美國教育委員會**(ACE, American Council on Education)、ISTE 認同...**等**。

　　官方統計已在全球 89 個國家、近五百萬考生參加考試，其中 ACE 針對 IC3 的通過考試的資訊能力的評價，形容可比擬如同 TOEFL 效力一樣，同時 IC3 也獲全美 1800 多所大學院校的認同，並列為申請入學的競爭實力證明之一。

　　過去我國曾針對民間的檢定認證之是否真正具有能力鑑定的效力，教育部曾設立【民間職業能力鑑定證書採認執行計畫】進行鑑定，是由產、官、學的一群專家共同審查，IC3 國際認證也被認定為具有職業能力之證明。

- 應考方式：線上測驗、即測即評

- 考試語言：繁體中文、英文

- 測驗型式：單選題、複選題、托曳題、實作題

- 考試時間：50 分鐘

- 通過/滿分：700/1000

- 證書發放：通過單科者，可下載電子
  證明。通過同一版本 CF、KA、LO
  三科，即可取得三科該版本整合之電
  子證書。

- 證書效期：無年限限制

IC3 證書

考科名稱	考科大綱	通過證明
電腦基礎概論 (Computing Fundamentals)	行動裝置及平板電腦 硬體基本知識 電腦軟體結構 備份與還原 共享檔案雲端運算 資訊安全性及防火牆	
常用應用軟體 (Key Applications)	常用應用軟體一般功能 文書處理操作 試算表操作 資料庫操作 簡報設計操作 App 文化 圖像修改	
網路應用與安全 (Living Online)	網絡導航 網路通用功能 電子郵件 網路行事曆及日曆安排 社群媒體 通訊軟體應用 線上會議 影音串流 數位基本道德技能	

目錄

第一科　電腦基礎概論

第二科　網路應用生活

第三科　常用應用軟體

附錄 A　IC3 認證考試流程

範例下載

本書範例請至 http://books.gotop.com.tw/download/AER053000 下載，檔案為 ZIP 格式，請讀者下載後自行解壓縮即可。其內容僅供合法持有本書的讀者使用，未經授權不得抄襲、轉載或任意散佈。

1

Computing Fundamentals
電腦基礎概論

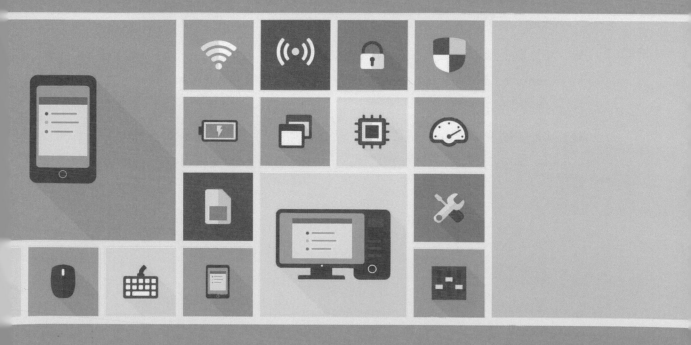

1-1 行動裝置及電腦科技應用

一、行動裝置

1. 傳統 2G 即 GSM 手機

傳統 2G 手機例如 NOKIA215 擁有一個 VGA 攝像頭，揚聲器，多媒體播放，MMS 簡訊，網絡瀏覽器和電子郵件客戶端。它也帶有 Facebook 和 Twitter 應用程式，以及 Opera Mini 網頁瀏覽器。

2. 智慧型手機

- 智慧型手機是指具有獨立的行動作業系統，可透過安裝應用軟體、遊戲等程式來擴充功能的手機。其運算能力及功能均優於傳統功能型手機。

- iPhone 以後的機型增加了可攜式媒體播放器、基本型「傻瓜式」數位相機和閃光燈（手電筒）、微型攝影機和 GPS 導航、NFC、重力感應水平儀等功能，使其成為了一種功能多樣化的裝置，新一代的手機還擁有高解析度觸控式螢幕和網頁瀏覽器，從而可以顯示標準網頁以及行動最佳化網頁，透過 Wi-Fi 和行動寬頻，智慧型手機還能實作次世代高速資料存取，雲端存取等。自從具備連網能力後短短幾年內大大增加了手機的實用性，轉變成以網路行動端點為核心的通訊工具。

- 智慧型手機按作業系統分 Android（Google）、iOS（Apple）、Windows Mobile／Phone（Microsoft）、BlackBerry（前身 RIM）、Symbian（Nokia）、Palm OS（Palm）

- 行動應用程式（apps）是指設計給智慧型手機、平板電腦或其他行動裝置運行的一種應用程式。主要 APP 商店：App Store、Google Play、Windows 市集

3. **平板電腦**

- 平板電腦（英語：Tablet Computer，或簡稱 Tablet）是一種小型的、方便攜帶的個人電腦，以觸控式螢幕作為基本的輸入裝置。

- 它擁有的觸控式螢幕允許使用者通過觸控筆或數位筆來進行作業而不是傳統的鍵盤和滑鼠。多數的平板電腦更支援手指操作，使用手指觸控、書寫、縮放畫面與圖片。

- 以 iPad 為例，是由蘋果公司設計銷售的平板電腦產品系列，搭載蘋果的 iOS 作業系統。iPad 的使用者介面是以多點觸控螢幕為主來進行設計，也包括了虛擬鍵盤。每一款 iPad 皆有內建 Wi-Fi，某些機型也同時支援行動網路。

- iPad 的基本功能包括錄影、拍照、播放音樂，以及瀏覽網頁和電子郵件等網際網路相關功能。在下載並安裝應用程式（app）後可為 iPad 加入其他功能，包括執行遊戲、查閱工具書、GPS 導航（僅 Wi-Fi＋Cellular 版）、使用社交網路等。在 App Store 由蘋果和其他公司為 iPad 設計的應用程式 Apps。

4. **筆記型電腦（英語：Laptop Computer，可簡為 Laptop 或 Notebook）**

- 是一種小型、可以方便攜帶的個人電腦，通常重達 1 至 3 公斤，亦有不足 1 公斤者。現在的發展趨勢是體積越來越小，重量越來越輕，而功能卻越發強大。

- 為了縮小體積，筆記型電腦通常擁有液晶顯示器，現在新型的部分機種甚至有觸控螢幕。除了鍵盤以外，還裝有觸控板（touchpad）或觸控點作為定位裝置（Pointing device）。

- 從用途上一般可以分為 4 類：商務型、時尚型、多媒體應用、特殊用途。商務型筆記型電腦的特徵一般可以概括為行動性強、電池續航時間長；時尚型外觀特異也有適合商務使用的時尚型筆記型電腦；多媒體應用型的筆記型電腦是結合強大的圖形及多媒體處理能力又兼有一定的行動性的綜合體，市面上常見的多媒體筆記型電腦擁有獨立的較為先進的顯卡，較大的螢幕等特徵。

二、電腦在科技方面的應用

藍牙技術（Blue tooth）

　　用在短距離 10~100 公尺之內的無線通訊技術，使用的無線電波具穿透力，可穿透牆壁，無接收角度的限制使用全球各地都不受管制的 2.4GHz 無線頻段，不像紅外線必須直線對準，應用在筆記型電腦、智慧型手機、無線耳機等。最早由易利信提出，讓一

些家電用品與電腦能夠溝通,如利用藍牙功能的手機內的資料傳送到電腦或有藍牙接收裝置的設備。

小型區域傳輸方式	傳輸速度	傳輸距離
對稱式傳輸	上、下傳為 432Kbps	10~100 公尺
非對稱式傳輸	上傳 56K 下傳 721Kbps	

WI-FI 無線區域網路 (Wireless Local Area Network)

無線區域網路（Wireless Local Area Network）由 IEEE 802.11 所制定的一種無線區域網路的技術,具利用低功率的微波來傳輸,使用的無線電波具穿透力,可穿透牆壁,無接收角度的限制。無線網路節點可移動,連線費用是依一般方式收費,但設備需加購無線網路卡、無線接取設備（Access Point）來連接實體線路可網路漫遊,但使用無線頻段 2.4 GHz,故無線電波彼此會干擾。

無線區域網路的技術	傳輸速度	距離	使用無線頻段
IEEE 802.11a	54Mbps		5GHz
IEEE 802.11b	11Mbps	100 公尺	2.4GHz
IEEE 802.11g	54Mbps		2.4GHz
IEEE 802.11n	600Mbps		2.4/5GHz

WIFI 加密方法:

- WEP（無線加密協議）,是個保護無線網路資料安全的體制。因為無線網路是用無線電把訊息傳播出去,它特別容易被竊聽。WEP 的設計是要提供和傳統有線的區域網路相當的機密性

- WPA/WPA2 兩個標準,是一種保護無線網路（Wi-Fi）安全的系統。它是應研究者在前一代的有線等效加密（WEP）系統中找到的幾個嚴重的弱點而產生的,其中最強的是 WPA2 企業版

練習》 連線到無線網路 Haomaker，並重新讀取頁面。

步驟 2
連線 **Haomaker**

步驟 1
進入無線網路>
選 **Haomaker**

步驟 3
重新載入此頁

3G/4G/5G：第三/四/五代行動通訊系統

4G LTE，其中 G 代表「世代（Generation）」，4G 代表第四代，是為了與之前的第二代（2G）、第三代（3G）行動電話做出區隔，我們以目前全球市佔率最高的歐洲系統來說明，這也是目前台灣所使用的系統：

第二代行動電話（2G）：GSM 系統只支援線路交換的語音通道，主要透過語音通道打電話與傳送簡訊，GPRS 系統支援封包交換因此可以上網，但是由於利用語音通道傳送資料封包，因此上網的速度很慢。

第三代行動電話（3G）：UMTS 系統支援封包交換，可以用更快的速度上網，由於 3G 的手機同時支援 2G，因此當我們使用 3G 的手機講電話或傳簡訊時，仍然可以使用 GSM 系統的語音通道來完成。

第四代行動電話（4G）：LTE／LTE-A 系統支援封包交換，可以用更快的速度上網，由於 4G 的手機大多同時支援 3G 與 2G，因此在手機找不到 LTE 基地台時仍然會以 UMTS 基地台上網，講電話或傳簡訊時仍然可以使用 GSM 系統的語音通道來完成。

第五代行動電話（5G）：下一代行動網路聯盟定義了 5G 網路的以下要求：

- 以數十兆比特每秒（Mbps）的數據傳輸速率支持數萬用戶；
- 可以以一千兆比特每秒（Gbps）的數據傳輸速率同時提供給在同一樓辦公的許多人員；
- 支持數十萬的並發連接以用於支持大規模傳感器網路的部署；
- 頻譜效率應當相比 4G 被顯著增強；
- 覆蓋率比 4G 有所提高；
- 信令效率應得到加強；
- 延遲應該顯著相比 LTE 被降低。

世代	系統名稱	多工方式	調變方式	通道頻寬	資料傳輸率 上傳/下載 (bps)	頻譜效率 上傳/下載 (bps/Hz)
2G	GSM	FDMA	GMSK	200KHz	9.6K/14.4K	0.05/0.07
2.5G	GPRS	FDMA	GMSK	200KHz	9.6K/115K	0.05/0.58
2.75G	EDGE		8PSK	200KHz	384K/384K	1.92/1.92
3G	WCDMA	FDMA	QPSK	5MHz	64K/2M	0.01/0.40
3.5G	HSDPA	CDMA	16QAM	5MHz	384K/14.4M	0.08/2.88
3.75G	HSUPA		QPSK	5MHz	5.76M/14.4M	1.15/2.88

世代	系統名稱	多工方式	調變方式	通道頻寬	資料傳輸率 上傳/下載 (bps)	頻譜效率 上傳/下載 (bps/Hz)
4G	LTE	FDMA	64QAM	20MHz	50M/100M	2.5/5
4G	LTE-A	OFDM	64QAM	100MHz	500M/1G	5/10

- GSM 是由歐盟所定的數位式行動式電話系統，所以又稱為泛歐式數位行動電話系統，它是目前全世界最廣為使用的行動通訊系統。
- GPRS 是在行動通訊上所使用的技術，這個技術將語音與數位資料整合在一個頻道中傳送給 GSM 手機，支援多媒體的通訊技術，它改良了部份 GSM 的缺點，而且採取封包交換的原理，資料被拆解為封包進行傳送。
- PHS 是 1995 年開始在日本地區所使用的一種行動電話通訊系統，這個系統使用較低的功率來傳送語音訊號，比起一般廣為使用的 GSM 系統具有低耗電、低電波射的優點，相對的基地台的涵蓋只有 500 公尺左右，所以基地台的架設必須較 GSM 系統為密集，適合在人口密集的都會地區使用，目前台灣都會區已可以使用。

網路電話

VoIP 是將語音訊號壓縮成數據資料封包後，在 IP 網路基礎上傳送的語音服務。

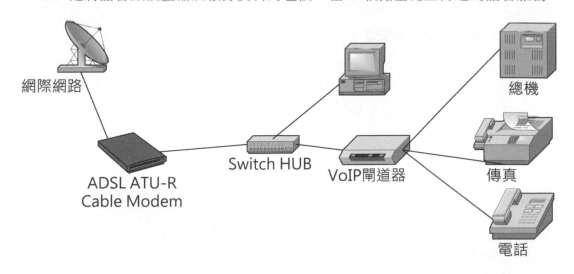

- 支援 NAT 私人 IP 環境通話，支援 DHCP、Static、Cable Modem 與 PPPoE（非固定制 ADSL）。
- 用戶網內互打免費；用戶透過第二類電信公司撥打長途電話、行動電話與國際電話，可節省 37% ～ 80% 的費用。

● 透過聯盟縣市網路中心所提供之市內電話電路，傳統電話可以撥入本網路電話系統。用戶可設定轉接至網路電話或傳統電話。例如 Pchome 的 Skype。

題型1

建立家用無線（Wi-Fi）網路的兩種好處是什麼？（選擇兩項）

(1) 即使不在家也能連線到家裡的電腦

(2) 多種裝置可以在同樣的網路中進行連線和通訊交流

(3) 當網路被建立，範圍內的所有裝置都能自動連線

(4) 每一台裝置都能夠記住該網路並自動重新連線

本題答案 2,4

題型2

與只能 Wi-Fi 上網的平板電腦比起來,具有行動上網功能的平板電腦的缺點是什麼？

(1) 它比較重

(2) 它不能連線到 Wi-Fi

(3) 它的記憶體不僅小且處理速度也較慢

(4) 價格和網路數據的服務費用較高

本題答案 4

題型3

目前最快手機網路是哪一種類型？

(1) LTE/4G LTE

(2) 3G

(3) 4G

(4) 5G

本題答案 1

題型4

與有線網路或 Wi-Fi 網路相比, 行動網路的優點是什麼？

(1) 可在較多的地方進行存取

(2) 網路速度明顯較快

(3) 在大型建築物內的訊號可靠性較佳

(4) 比較不可能被駭客攻擊

本題答案 1

題型5

下列哪一種是安全性最強的無線網路（Wi-Fi）加密規範？

(1) WEP
(2) WPA
(3) EAP
(4) WPA2

本題答案 4

題型6

與只能 Wi-Fi 上網的平板電腦比起來，具有行動上網功能的平板電腦的優點是什麼？

(1) 具有其它行動裝置的同步功能
(2) 提供 VoIP 功能
(3) 存取無線網路較為方便
(4) 網路覆蓋範圍較廣

本題答案 4

題型7

手機 SIM 卡的主要功能是什麼？

(1) 它具有可使相機或智慧手機的數據以無線方式傳輸到另一個裝置的功能
(2) 它確保您的上傳和下載速度一致
(3) 作為識別電話用戶的依據
(4) 增加手機的資料儲存空間

本題答案 3

題型8

必須要有哪一種服務才能在行動裝置使用即時傳訊功能？

(1) Gmail 或 Microsoft 帳戶
(2) 行動文字傳訊方案
(3) 網路連線能力
(4) 電信門號

本題答案 3

使用網路應用程式而非桌上型應用程式的兩種好處為何？（選擇兩項）

(1) 不在辦公室也能夠存取網路應用程式

(2) 網路應用程式的性能比桌上型的還要好

(3) 網路應用程式明顯地需要較少的網路連線功能

(4) 不需要安裝網路應用程式

(5) 網路應用程式受實體位置所限

本題答案 1,4

相較於一般的平板電腦,使用具有行動上網功能的平板電腦對於哪一種類型的店家最能體會該功能所帶來的好處？

(1) 圖書館

(2) 雜貨店

(3) 小型餐廳

(4) 送花服務

本題答案 4

哪一種網路類型提供最佳的速度和可靠性？

(1) 行動網路

(2) 有線網路

(3) Wi-Fi 網路

(4) 網路熱點

本題答案 2

與早期一般的手機相比，使用智慧型手機有哪三項優點？（選擇三項）

(1) 存取語音信箱

(2) 可以使用電子郵件應用程式

(3) 可以撥打視訊通路

(4) 進階網路瀏覽功能

(5) 可以聽音樂

(6) 收發簡訊（SMS）

本題答案 2,3,4

題型13

以下哪三種方式可讓您將智慧型手機的檔案傳輸到桌上型電腦？（選擇三項）

(1) 將手機的 SIM 卡取下再把它插入電腦即可

(2) 使用雲端儲存服務在裝置、雲端和桌上型電腦間進行檔案同步作業

(3) 使用 USB 線將裝置連接到桌上型電腦後，再使用電腦的檔案系統來複製或移動檔案

(4) 使用乙太網路線將裝置連接到桌上型電腦後，再使用電腦的檔案系統來複製或移動檔案

(5) 使用智慧型手機的應用程式將檔案以無線方式傳輸到桌上型電腦

本題答案 2,3,5

題型14

必須完成哪三項步驟才能將兩個啟用藍牙功能的裝置相連接？（選擇三項）

(1) 啟用藍牙功能

(2) 確保沒有任何即有的連接

(3) 確保裝置沒有被覆蓋

(4) 開啟 Wi-Fi

(5) 配對裝置

本題答案 1,2,5

題型15

哪三種網路類型可以讓具有行動上網（cellular）功能的平板電腦免費連線而不需付費？（選擇三項）

(1) 乙太（Ethernet）網路

(2) 加密無線網路

(3) 家用無線網路

(4) 行動網路

(5) 公用無線網路

本題答案 3,4,5

題型16

在出售或轉讓您的手機給他人之前,應完成的動作有哪三項?(選擇三項)

(1) 聯絡您的電業者安排轉讓事宜

(2) 備份個人的應用程式及資料

(3) 如果有 SIM 卡,則把它移除

(4) 將購買證明轉讓給新持有人

(5) 讓手機回復原廠設定,已刪除所有的個人資料

本題答案 2,3,5

題型17

下列哪兩種方式可以讓智慧型手機連線至網際網路?(選擇兩項)

(1) 含上網數據服務的行動電信方案

(2) 乙太網路連線

(3) Wi-Fi 網路

(4) 網路應用程式

本題答案 1,3

題型18

將家用無線網路(Wi-Fi)加密的兩項優點為何?(選擇兩項)

(1) 能以加密方式進行資料傳輸

(2) 能明顯增加頻寬

(3) 能擴大網路覆蓋範圍

(4) 控制存取網路的權限

本題答案 1,4

課後評量

( )1. 我們平常所使用的 IC 金融卡、IC 健保卡，可以記錄大量的資料，請問這是因為這類 IC 卡內嵌了下列哪一種電子元件？

(A)積體電路   (B)電晶體

(C)真空管   (D)發光二極體

( )2. 下列電子元件：1.電晶體 2.超大型積體電路 3.積體電路 4.真空管 若依據電腦發展的演進過程排列，其正確的排序為：

(A)4,3,1,2   (B)4,1,3,2

(C)1,2,3,4   (D)2,3,4,1

( )3. 將電路的所有元件，如電晶體、電阻，二極體等濃縮在一個矽晶片上之電腦元件稱為：

(A)積體電路   (B)電晶體

(C)真空管   (D)中央處理單元

( )4. 下列 3C 產品的中英文對照，何者錯誤？

(A)NB：筆記型電腦   (B)Tablet PC：數位相機

(C)Netbook：輕省筆電   (D)AI：人工智慧

( )5. 資訊家電（Information Appliance），例如：數位冰箱或數位冷氣機，通常利用下列何種電腦，來執行特定的監控或運算功能？

(A)迷你電腦   (B)掌上型電腦

(C)嵌入式電腦   (D)個人電腦

( )6. 下列敘述何者正確？

(A)桌上型電腦是一種微電腦，而筆記型電腦（Notebook Computer）則是一種嵌入式電腦

(B)個人數位助理（PDA）是超級電腦的一種

(C)電晶體、電容、電阻都是積體電路的電子元件

(D)使用電腦來控制生產線上的機器以便快速製造產品，減少空間的浪費，稱之為「電腦輔助設計」

(　)7. 電腦常用的時間單位有：毫秒、微秒及奈秒，請問 1 奈秒等於多少秒？

(A)10^{-12} (B)10^{-9}

(C)10^{-6} (D)10^{-3}

(　)8. 個人電腦中一個位元組（byte）是由幾個位元（bit）組成？

(A)2   (B)4

(C)8   (D)16

(　)9. 某店販賣下列 4 顆容量不同的硬碟，請問哪一顆硬碟的容量最大？

(A)150GB   (B)0.1TB

(C)10,000,000MB   (D)5,000KB

(　)10. 下列何者是指電腦輔助教學軟體？

(A)RFID 軟體   (B)POS 軟體

(C)CAI 軟體   (D)GPS 軟體

(　)11. 尋找所在位置附近的停車位、美食、廁所等手機的 APP 軟體，與下列哪一項服務或技術最相關？

(A)電子化政府   (B)適地性服務

(C)網路教學服務   (D)人工智慧

(　)12. 下列哪一種自動化活動在產品設計、建築設計、電路板設計等領域均適用？

(A)彈性製造系統   (B)電腦輔助製造

(C)電腦輔助生產   (D)電腦輔助設計

(　)13. 下列何者不屬於 3C 產品的範疇？

(A)電腦（Computer）   (B)通訊（Communication）

(C)消費性電子（Consumer electronics）   (D)控制器（Controller）

(　)14. 使用電腦網路來做產品廣告行銷、網路訂購、付款等工作稱之為何？

(A)視訊會議   (B)電子商務

(C)虛擬實境   (D)電子佈告欄

(　)15. 目前國內推行的悠遊卡與一卡通等智慧卡，是利用下列哪一種技術來完成感應扣款的動作？

(A)NFC   (B)RFID

(C)AI   (D)擴增實境

(　)16. 國立空中大學是國內首創 24 小時均可上課的學校，學習者可於任何時間進入該校網站進修，請問這是屬於下列何種學習模式？

(A)遠距教學 　　　　　　　　　(B)模擬訓練

(C)電腦輔助教學 　　　　　　　(D)廣播教學

(　)17. 下列何種訓練最適合在電腦模擬器上進行模擬訓練？

(A)危險性高或成本昂貴的教育訓練 　(B)需實機操作之教育訓練

(C)危險性低的教育訓練 　　　　　　(D)針對特定對象的教育訓練

(　)18. 某家車商宣稱其所製造的汽車，可讓車主查詢行車路線附近的觀光景點、加油站、及停車場等地理位置。請問這款汽車可能使用了下列何種技術？

(A)GPS 　　　　　　　　　　　(B)GPRS

(C)DNS 　　　　　　　　　　　(D)POS

(　)19. Google 創辦人，和朋友於自己家中的車庫研發程式，後來創辦了舉世聞名的 Google 公司。從現今的觀點來看，這種以住家空間為工作場所，並應用電腦設備與網路科技來傳遞或交換文件的工作模式，稱之為？

(A)家庭自動化 　　　　　　　　(B)人力媒介電子化

(C)SOHO 　　　　　　　　　　(D)電子商務

(　)20. 電腦輔助設計（CAD）與電腦輔助製造（CAM）是屬於下列哪一方面的應用？

(A)工廠自動化 　　　　　　　　(B)辦公室自動化

(C)商業自動化 　　　　　　　　(D)政府電子化

(答案)

1.(A)　2.(B)　3.(A)　4.(B)　5.(C)　6.(C)　7.(B)　8.(C)　9.(C)　10.(C)

11.(B)　12.(D)　13.(D)　14.(B)　15.(B)　16.(A)　17.(A)　18.(A)　19.(C)　20.(A)

1-2 硬體基本知識

一、電子計算機組織－五大單元

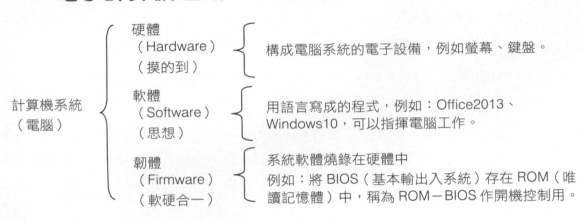

計算機系統（電腦）
- 硬體（Hardware）（摸的到）：構成電腦系統的電子設備，例如螢幕、鍵盤。
- 軟體（Software）（思想）：用語言寫成的程式，例如：Office2013、Windows10，可以指揮電腦工作。
- 韌體（Firmware）（軟硬合一）：系統軟體燒錄在硬體中。例如：將 BIOS（基本輸出入系統）存在 ROM（唯讀記憶體）中，稱為 ROM－BIOS 作開機控制用。

計算機硬體由五大單元組成

單元(Unit)	功能、工作	備註
Input Unit 輸入單元	使用者的程式或資料輸入電腦時所用的輸入設備，如鍵盤、滑鼠、光筆等……。	此兩單元合稱 I/O 單元，亦為電腦週邊設備，
Output Unit 輸出單元	當中央處理單元（CPU）處理後的結果經由輸出設備傳送出來，如印表機、繪圖機、螢幕等……。	
ALU 算術邏輯單元	Arithmatic 算術運算：加減乘除。 Logic 邏輯運算：比較、判斷。	此兩單元加上暫存器合稱 CPU。
Control Unit 控制單元	專門負責控制電腦內部各單元之間的資料傳送及協調之作用。當程式執行時，控制單元將所要執行的指令加以解析（Decoding），決定要執行何種工作，而據以發出信號，控制各單元配合執該指令所要做的工作。 (1)負責指揮、協調與監督電腦其他單元的運作。 (2)負責指令提取（Fetch）與解碼（Decode）。	
Memory Unit 記憶單元	用來儲存資料，如主記憶體、輔助記憶體	

如下圖：

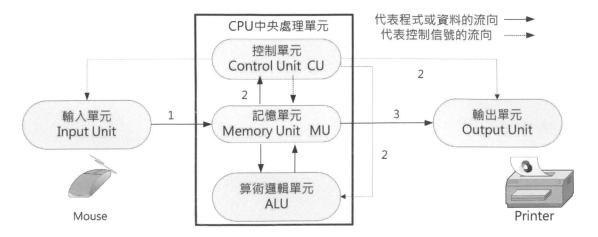

五大單元處理過程：

● 將資料或程式由輸入單元，如鍵盤、光筆及磁碟機等，輸入到記憶單元中之主記憶體等待處理。

● 主記憶體將資料與程式儲存後，將程式所附予的命令送到控制單元，使得控制部門可以指揮控制各單元的動作，且將資料送到算術邏輯單元，來執行計算及比較等動作，等到工作完成再將處理後的結果送回主記憶體。

● 最後由輸出設備將處理完的結果由主記憶體送出，如印表機將結果由報表印出。

二、電腦記憶體 RAM 與 ROM

隨機存取記憶體 RAM		唯讀記憶體 ROM	
Random Access Memory		Read Only Memory	
(1) 電源關閉➔資料消失（揮發性） (2) **可存可取**：存使用者資料、程式、開機後病毒，所有要執行的必先載入 RAM 中		(1) 電源關閉➔資料**不會消失** (2) **不可存可讀**：存系統資料、程式，例用 ROM-BIOS	
(3) 種類 **DRAM** 動態記憶體 Dynamic RAM	**SRAM** 靜態記憶體 Static RAM	(3) 種類 Mask ROM➔無法更改 PROM　　➔P 表示可程式化，只有 1 次 EPROM　➔E 表示可用紫外線抹除，可用多次 EEPROM　➔E 表示用＋5V 電壓即可 目前使用 Flash Memory 其特性如 EEPROM 具有 RAM 及 ROM 優點，用在數位相機、手機等記憶卡如 CF、SDHC 及儲存裝置如 SSD(固態硬碟)。	
元件：電容 會漏電➔要充電 需更新，速度較慢，價格便宜，IC 內容量較大	元件：正反器 不會漏電，不需更新，速度較快，價格貴，IC 內容量較小		

三、週邊裝置及輸出入連接埠

1. **主機（CPU 及主記憶體）以外的輸出入設備稱為週邊設備**

   - 輸入設備：像人的眼睛，將資料輸入。

   - 輸出設備：像人的手，將資料輸出。

   - 輔助記憶體（兼具輸出入設備）。

2. **常用的設備如下圖：**

輸入設備

語音輸入(麥克風)
讀卡機
鍵盤
數位相機
手寫辨識系統
光學記號閱讀機(OMR)
磁性墨水字元閱讀機(MICR)
光學字元閱讀機(OCR)
光筆(Light pen)
條碼掃描器(BCR)
滑鼠(Mouse)
影像掃描器(Scanner)
唯讀光碟機(CD-ROM)

中
央
處
理
器
＋
M.M.

輸出設備

液晶顯示器(LCD)
列表機或印表機(Printer)
顯示器(Monitor Display)
繪圖機(Plotter)
微縮影片機器(Microfilm Device)
語音輸出(Audio Output)

ZIP(高容量磁碟機)
讀卡打卡機(Card Reader/Puncher)
磁帶機(Magnetic Tape Driver)
可讀寫光碟機(CD-RW)
磁碟機(Disk driver)
磁片機(Floppy Disk Driver)
磁光碟機(MO)
數據機(Modem)
觸摸式螢幕
控制台(Console)
終端機(Terminal)

屬A.M.設備
(輔助記憶體)

數據機(Modem)
觸摸式螢幕
控制台(Console)
終端機(Terminal)

兼作輸出及輸入的設備

3. 何謂介面？

介於主機板和週邊設備之間信號的轉換媒介稱為介面，用來與光碟、軟硬碟、喇叭及顯示器等等週邊設備的橋樑。如下：

功能：

● 緩衝主機與週邊的速度差，因為主機快，週邊慢。

● 密碼轉換，主機使用 ASCII 碼，而週邊使用 EBCDIC 碼。

● 傳輸模式轉換（串聯／並聯）。

● 訊號的轉換，如聲音與數位需透過音效卡、數據機轉換。

4. 裝置驅動程式（device driver），簡稱驅動程式（driver）

● 是一個電腦軟體與硬體互動的程式，這種程式建立了一個硬/軟體與硬體溝通的介面，經由主機板上的匯流排（bus）或其它溝通子系統（subsystem）與硬體形成連接的機制，這樣的機制使得硬體裝置（device）資料交換。

● 依據不同的電腦架構與作業系統差異平台，驅動程式可以 32 位元，甚至是最新的 64 位元，這是為了調和作業系統與驅動程式之間的依存關係，例如 32 位元的 Windows XP 則大部份是使用 32 位元驅動程式，至於 64 位元的 Linux 或是 Windows10 平台上，就必須使用 64 位元的驅動程式。

5. 常見的連接埠

連接埠規格	連接設備	補充重點
PS/2	用於連接 PS/2 規格的滑鼠及鍵盤	目前最常用
萬用序列匯流排 USB Universal Serial Bus Type-C	1. 傳輸速率快，1.1 版為 12M bit/秒而 USB2.0 最快達 480Mbit/秒 USB 3.0 比 2.0 快 10 倍 USB 3.1 比 3.0 快 2 倍 2. 最多可串接 127 個周邊設備 3. USB 支援 On The Go（OTG）即讓 USB 設備，例如播放器或手機作為主機，允許 USB 隨身碟、滑鼠或鍵盤與其連接。	1. 目前大部份周邊皆支援，速度較 PS/2、快許多。 2. 採序列傳輸 3. 支援隨插即用 4. 支援熱插拔功能 5. 可供電力充電

連接埠規格	連接設備	補充重點
HDMI 為高解析數位多媒體介面	1. 一種全數位化影像和聲音傳送介面，可以傳送未壓縮的音訊及視訊訊號。 2. HDMI 可以同時傳送音訊和視訊訊號，由於音訊和視訊訊號採用同一條線材	可用於機上盒、BD/DVD 播放機、個人電腦與外部顯示器、電視遊樂器、數位音響與電視機等裝置。
Thunderbolt I/O	1. 由英特爾發表的連接器標準 2. 後期與蘋果公司共同研發 3. Mini DisplayPort 介面外形 4. 雙向 10Gb/s 傳輸數據 5. Thunderbolt 2，速度翻倍到 20Gb/s，以對抗最新版 USB 3.1 速度翻倍到 10Gb/s。	

題型1

關閉應用程式會使得哪個硬體釋放出記憶體空間？

(1) 應用程式介面卡（AIC）

(2) 硬碟

(3) 隨機存取記憶體（RAM）

(4) 唯讀記憶體（ROM）

本題答案 3

題型2

從電腦中刪除一個檔案會使得哪個硬體釋放出儲存空間？

(1)隨機存取記憶體（RAM）

(2)顯示卡

(3)唯讀記憶體（ROM）

(4)硬碟

本題答案 4

題型3

下列關於裝置驅動程式的敘述哪一項為真？

(1) 它是一種控制硬體的軟體

(2) 它被用於管理記憶體配置

(3) 它是一種使電腦連線到網路的介面

(4) 它能自動驅動或控制系統更新

本題答案 1

題型4

以下哪兩種狀況可能需要更新裝置驅動程式？（選擇兩項）

(1) 硬體裝置未能正常運作

(2) 您將 Windows 版本從 32 位元升級至 64 位元

(3) 無法開啟某個應用程式

(4) 將筆記型電腦重新連線到無線網路

本題答案 1,2

HDMI 線最常被用在將桌上型電腦與哪一種裝置相連接？

(1) 外部顯示器

(2) 印表機

(3) 平版電腦

(4) 無線路由器

本題答案 1

筆記型電腦的乙太網路連結埠的兩種可能使用方式是什麼？（選擇兩項）

(1) 可連接 USB 裝置

(2) 可連接到無線網路

(3) 可連接到鄰近的路由器

(4) 可連接到本地區域網路

本題答案 3,4

當使用筆記型電腦時，有哪三種方式可用來節省能源並延長電池壽命？（選擇三項）

(1) 增加 CPU 使用量

(2) 停用該裝置的 Wi-Fi 功能

(3) 連接外部硬碟

(4) 關閉全部的背景程式

(5) 調暗裝置的螢幕燈光

本題答案 2,4,5

課後評量

( )1. 匯流排依照下列何種方式，可以分為資料匯流排、位址匯流排、與控制匯流排？

    (A)傳遞的速度   (B)傳遞的內容

    (C)傳遞的方向   (D)傳遞的時機

( )2. 某個人電腦執行速度為 1,000MIPS，執行 50,000 個指令共需多少時間？

    (A)50 微秒   (B)10 毫秒

    (C)15 奈秒   (D)5000 奈秒

( )3. CPU 至下列何者存取資料的速度為最快？

    (A)快取記憶體（Cache Memory）

    (B)暫存器（Register）

    (C)主記憶體（RAM）

    (D)輔助記憶體（Auxiliary Memory）

( )4. 有關 VCD 和 DVD 的比較，下列哪一個是錯的？

    (A)DVD 播放的時間較長   (B)DVD 可儲存的容量較大

    (C)DVD 可顯示二種以上語言的字幕   (D)DVD 的外觀尺寸比較大

( )5. 三星公司推出了一台 24 吋 Full HD 液晶螢幕，提供有 HDMI 高畫質輸出連接埠，請問這台螢幕可能還提供有下列哪幾種連接埠？

    (1)D-sub (2)DVI (3)LPT (4)PS/2。

    (A)(1)(2)   (B)(1)(4)

    (C)(2)(3)   (D)(3)(4)

( )6. 單面單層 DVD 光碟片（DVD-5）的最大容量為 4.7GB，請問單面雙層 DVD 光碟片（DVD-9）的最大容量，比單面單層 DVD 光碟片的最大容量大多少？

    (A)3.8GB   (B)4.7GB

    (C)5.6GB   (D)6.4GB

( )7. 下列哪一種光碟機只能讀取光碟片上的資料，但不能寫入資料？

    (A)CD-R   (B)CD-RW

    (C)DVD+RW   (D)DVD-ROM

( )8. 某公司經常需要電腦快速列印大量的即時性生管報表，應該購買下列何種印表機？

    (A)雷射印表機   (B)噴墨印表機

    (C)點矩陣印表機   (D)熱感應印表機

( )9. 電腦基本架構中有數個主要的組成單元（或部門），其中負責存放電腦程式與資料的單元是：

    (A)算術與邏輯單元   (B)記憶單元

    (C)輸入單元   (D)控制單元

( )10. 中央處理器（CPU）在處理指令時，運作的先後步驟依序為：

    (A)擷取→解碼→儲存→執行   (B)解碼→擷取→執行→儲存

    (C)擷取→執行→解碼→儲存   (D)擷取→解碼→執行→儲存

( )11. 下列哪種儲存設備其讀取資料的速度最快？

    (A)硬碟機   (B)唯讀光碟機

    (C)磁帶機   (D)軟碟機

( )12. 將手腕靠在桌邊休息，讓手腕低於手指，就有可能得到什麼？

    (A)骨折   (B)腕道症

    (C)鍵盤症   (D)肌肉萎縮

( )13. 電腦週邊設備中，下列何者不屬於輸入單元？

    (A)鍵盤   (B)滑鼠

    (C)觸控式顯示器   (D)印表機

( )14. 電腦中的「基本輸入/輸出系統」（BIOS）屬於下列何者選項？

    (A)報表軟體   (B)套裝軟體

    (C)韌體   (D)作業系統

( )15. 下列哪種連接埠不常用於滑鼠連接個人電腦？

    (A)LPT1   (B)COM1

    (C)PS/2   (D)USB

( )16. 近年來推出的變形筆電，大多提供觸控式螢幕，方便使用者直接以觸控方式操控電腦。請問這種觸控式螢幕可歸屬為：

(A)輸入/輸出設備 　　　　　　　(B)輔助儲存設備

(C)記憶設備 　　　　　　　　　　(D)處理設備

( )17. 下列有關 ROM 的敘述，何者不正確？

(A)可被讀取與寫入資料，當電源關閉後所儲存的資料會消失

(B)可儲存開機自我測試（Power On Self Test，簡稱 POST）程式

(C)燒錄有基本輸入輸出系統（Basic Input/Output system，簡稱 BIOS），負責檢測電腦的輸出入硬體設備

(D)儲存在 ROM 中的程式稱為韌體（Firmware）

( )18. 主機板上哪種型式的 BIOS 程式儲存裝置，可經由網站下載，並在線上更新 BIOS 程式碼？

(A)EPROM 　　　　　　　　　　(B)Flash ROM

(C)MASK ROM 　　　　　　　　 (D)PROM

( )19. 下列對快取記憶體的敘述，何者有誤？

(A)是一種唯讀記憶體

(B)存取速度較 DRAM 快

(C)可分為 L1、L2、L3 cache

(D)L1 cache 與 CPU 在同一顆晶片中

( )20. 下列何種行為，會減少對環境造成污染？

(A)將電腦中的所有檔案文件皆印製兩份，作為歸檔使用

(B)電腦用過三五年落伍後就更新整組電腦

(C)用過的紙張不再循環使用即棄置於一般垃圾中

(D)電腦更新時，儘量留用可重複使用的配件（如鍵盤、滑鼠等）

答案

1.(B)　2.(A)　3.(B)　4.(D)　5.(A)　6.(A)　7.(D)　8.(A)　9.(B)　10.(D)

11.(A)　12.(B)　13.(D)　14.(C)　15.(A)　16.(A)　17.(A)　18.(B)　19.(A)　20.(D)

一、軟體的分類

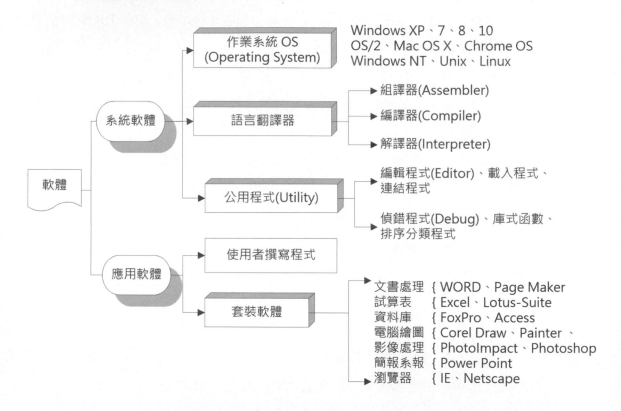

```
軟體 ─┬─ 系統軟體 ─┬─ 作業系統 OS          Windows XP、7、8、10
     │            │  (Operating System)   OS/2、Mac OS X、Chrome OS
     │            │                        Windows NT、Unix、Linux
     │            │
     │            ├─ 語言翻譯器 ─┬─ 組譯器(Assembler)
     │            │              ├─ 編譯器(Compiler)
     │            │              └─ 解譯器(Interpreter)
     │            │
     │            └─ 公用程式(Utility) ─┬─ 編輯程式(Editor)、載入程式、連結程式
     │                                  └─ 偵錯程式(Debug)、庫式函數、排序分類程式
     │
     └─ 應用軟體 ─┬─ 使用者撰寫程式
                  │
                  └─ 套裝軟體 ─ 文書處理 { WORD、Page Maker
                                試算表   { Excel、Lotus-Suite
                                資料庫   { FoxPro、Access
                                電腦繪圖 { Corel Draw、Painter、
                                影像處理 { PhotoImpact、Photoshop
                                簡報系報 { Power Point
                                瀏覽器   { IE、Netscape
```

二、常見的作業系統

作業系統	特性及重點
MS-DOS 1981~1994 版本從 1.0~6.22 版	1. 磁碟作業系統，為單人單工的作業系統。 2. 是 16 位元的作業系統，文字命令式的操作。 3. 由三個系統檔案（COMMAND.COM、IO.SYS、MSDOS.SYS）所組成的。 4. 採用 FAT16 檔案配置系統。

作業系統	特性及重點
Windows XP Windows 7 Windows 8 Windows 10	1. 圖形使用者界面（GUI），為單人多工作業系統 2. 內建 IE 瀏覽器 3. 內建多媒體播放程式---Windows MediaPlayer 4. 新的多媒體創作工具（例如 Windows DVD Maker）
Windows NT Windows 2000～ Windows 2016 Server	1. 為網路環境而設計的多人多工的作業系統。 2. 2016 是 Windows 10 的伺服器版本
Windows CE	1. 為 Pocket PC（口袋型 PC）而設計的嵌入式作業系統。 2. 特性：佔用記憶空間小，功能較簡易
Windows Mobile/Phone	1. 為智慧型手機而設計的嵌入式作業系統。
UNIX 1970 開始	1. 是由美國 AT&T 公司的貝爾實驗室（Bell Laboratories）的 Ken Thompson6 及 Dennis Ritchie 所發展 2. 是多人多工的作業系統。 3. 早期的 UNIX 系統原始程式碼任何人都可不經付費索取，該系統的大部份都是以 C 語言撰寫而成，僅有少部份使用組合語言，而 C 語言的可攜性很強，因此很容易移植到各種電腦系統上。
BSD 版	學術路線的 BSD 版本，其中 BSD（Berkeley Software Distribution）版本是可以合法散佈的 UNIX 作業系統，它主要是由加州大學柏克萊分校（University of California at Berkeley）的電腦科學研究小組發展的
LINUX 1991 年 ●Red Hat Linux： 新版本為 Fedora，簡單易用，佔有率高，利用圖形操作介面的 X Window 發展不同桌面環境如 Gnome	1. 其核心（Kernel）是由芬蘭赫爾辛基大學（Helsinki University in Finland）的 Linus Torvalds 所設計的一套 UNIX 相容作業系統 2. 原始程式碼完全免費流傳散佈，任何使用者都可將它拿來更改，成為自己獨一無二的一套作業系統 3. Linux 支援 TCP/IP 通訊協定，使得利用它來架設自己的網站，故節省軟體成本。 4. 小至 PDA、個人電腦上執行，大至架站 SERVER 用
MAC OS（麥金塔電腦用） 1984 開始	1. Macintosh 簡稱 Mac，是蘋果電腦公司（Apple Computer）在 1984 年所推出的一種個人電腦，原意為一種青色的小蘋果，它是以滑鼠為主要輸入設備，並提供一個視窗環境的圖形使用者介面，取代了以往 Apple II 的文字顯示模式，可說是第一台具有圖形介面的個人電腦系統。 2. 視窗作業系統，為單人多工的作業系統。

作業系統	特性及重點
i-OS	1. 蘋果電腦公司（Apple Computer）針對行動裝置所開發的專有行動作業系統，所支援的裝置包括 iPhone、iPod touch 和 iPad。 2. 與 Android 不同，iOS 不支援任何非蘋果的硬體裝置 3. 為單人多工的作業系統，支援多點觸控
Android(安卓)	1. 基於 Linux 核心的開放原始碼行動作業系統，由 Google 成立的 Open Handset Alliance（OHA，開放手機聯盟）持續領導與開發 2. 主要設計用於觸控螢幕行動裝置如智慧型手機和平板電腦。 3. Google 與 84 家硬體製造商、軟體開發商及電信營運商成立開放手機聯盟來共同研發改良 Android，隨後，Google 以 Apache 免費開放原始碼許可證的授權方式，發佈了 Android 的原始碼讓生產商推出搭載 Android 的智慧型手機，Android 後來更逐漸拓展到平板電腦及其他領域上。

三、Windows 功能

1. 針對所有使用者

Windows Aero 一個完全被重新設計兼具專業感及透明感的磨砂玻璃外觀，這個使用者經驗名稱為：Windows Aero。

Windows 介面上的按鈕也變得更生動，例如將滑鼠指標指向每個視窗右上角的最小化、最大化/還原以及關閉按鈕後，按鈕都會發出水晶般的光澤。

2. Internet Explorer

● Windows 增加了使用者帳戶控制（UAC），可防止系統被植入間諜軟體或者被惡意網頁修改系統設定。

- IE 8 已經帶有「標籤瀏覽」功能，使用者不用打開多個 IE 視窗。

- IE 8 帶有 RSS 閱讀功能（內建的 RSS 閱讀訂閱程式），讓使用者可以訂閱新聞、部落格等最新的新聞資訊，無需四處搜尋瀏覽網站。

- IE 8 具有反釣魚功能、搜尋功能、父母控制功能以及列印功能。

3. Windows Defender

此軟體不僅可以對系統進行即時監控，還可以定期對整個硬碟進行掃描，找到所有不安全的項目，並提供有效的方法將其徹底移除。

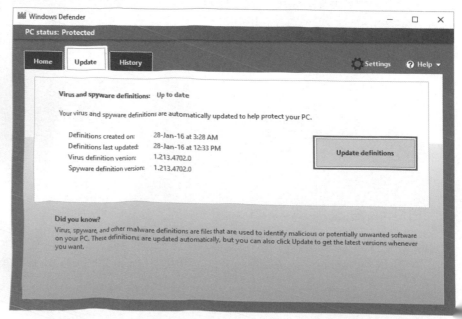

4. 使用者帳戶控制

- Windows 對使用者需要修改一些相關設定時，系統會要求使用者確認這一操作是否要繼續，等於給系統加了一把鎖。

- 每個使用者都會擁有各自獨立的個人資料夾。

- 帳戶類型共有 2 種，包括電腦系統管理員與標準使用者。

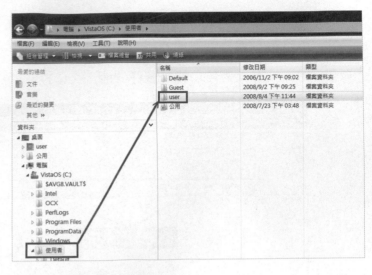

5. Windows Update

可透過網際網路連線，自動檢查使用者的電腦，並提供安全性修正檔、說明檔、及驅動程式供下載，能保持作業系統、軟體程式及硬體在最佳狀態。

「開始」→「控制台」→「安全性」→「Windows Update」→檢查更新。

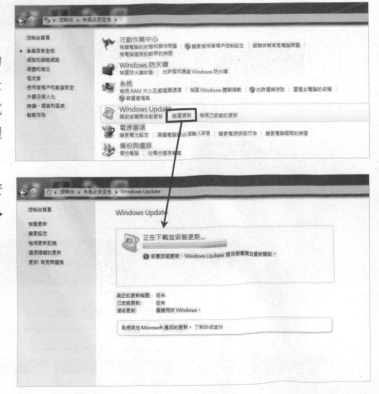

6. 問題報告及解決方法

檢查線上是否有解決方案，或參閱電腦之問題相關資訊。如有可安裝的解決方法，請先安裝這些解決方法後，再採取其它的解決方案。「開始」→「控制台」→「問題報告及解決方法」。

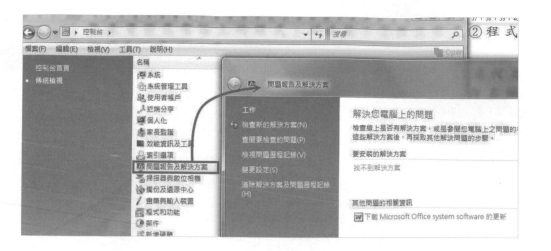

7. Windows Media Player

- 除了可播音樂 CD 以外，就連 DVD、VCD 以及其他音樂、視訊檔案格式都可以播放。

- 可播放線上影音及廣播。

- 使用媒體櫃來管理及播放影音檔案。

- 可將 CD 歌曲轉錄成 MP3 等格式。

- 可將硬碟中的.wma、.mp3 與.wav 等 3 種格式的音樂檔案燒錄到光碟中。

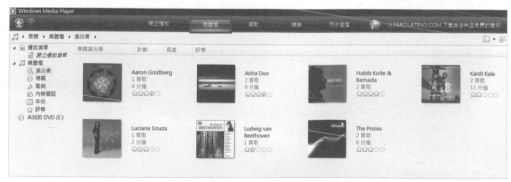

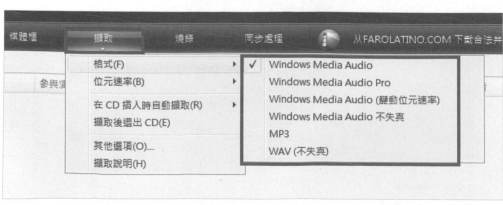

8. Windows Movie Maker

- 可協助完成一段影片的剪輯工作。

- 可將剪輯後的影片就可利用 Windows DVD Maker 燒錄到 DVD 光碟上。

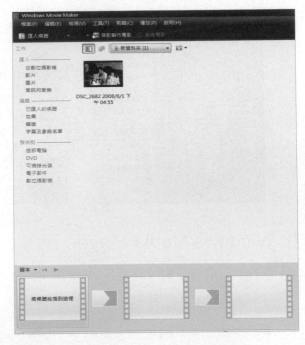

9. 備份及還原中心

- 可以依檔案類型指定備份的內容。如音樂檔、照片檔等等。增加了對整個系統的備份功能。

- 可以直接將檔案備份到光碟上。

- 可透過還原檔案功能，用來將原先前用所備份下來的檔案。但可選擇還原那些檔案或資料夾。

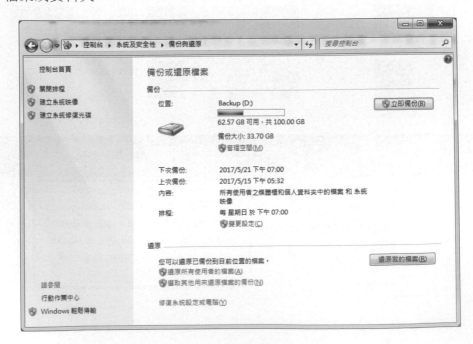

10.使用者管理與設定

● **關機**：將電腦完全關閉。

● **睡眠**：可將目前執行的所有工作及相關資訊全部存入「硬碟」中，使電腦進行省電狀態。

● **休眠**：與睡眠不同的是，休眠功能不需要任何電力，睡眠則需要少量電量。

● **鎖定**：將電腦暫時上鎖，如果要重新登入系統時，就必需輸入該使用者的密碼方可進入。

● **登出**：登出時，系統將自動關閉所有使用中的程式，但不會關閉電腦電源，待下一個使用者登入此系統。

● **切換使用者**：可以讓不同使用者不需要事先關閉程式及檔案，就可以切換到不同的電腦使用者帳戶。

📑 **練習》在不登出或使用 ctrl+alt+del 的情況下，將使用者帳戶切換為名為「power」的帳戶。**

IC3 GS5 2016 版：Windows 10 登出/切換使用者有 3 種方式：

● 在左下角的 Windows 開始 logo 按右鍵→關機或登出→登出、睡眠、關機、重新啟動

● 在左下角的 Windows 開始 logo 按左鍵→在選單的左上角使用者圖示的地方按左鍵→鎖定、登出、切換使用者選單

● 按 Windodws 鍵 + L→點畫面任何地方→切換使用者選單

11. 螢幕保護的操作

● **螢幕保護裝置**：透過此設定可讓電腦長時間未使用時自動執行，將螢幕轉為低亮度或暗色的流動畫面來保護螢幕。如下圖：

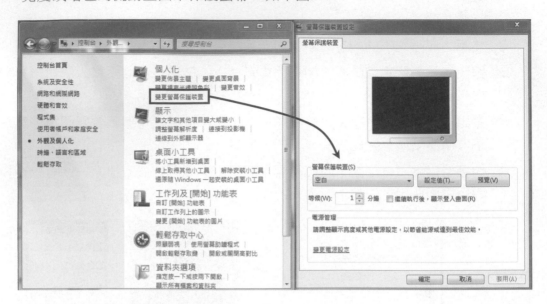

● **可保障個人隱私**：若勾選「繼續執行後，顯示登入畫面」，則不會立即回到原本的工作畫面，而是切換至個人帳戶的登入畫面，必須點選自己的帳戶名稱，甚至輸入密碼後才能回復，具有保障個人隱私的功能。

12. 電源管理的設定

電源計劃：指管理電腦使用電源的方式，以減少電力的耗費。

● 系統預設有 3 種：平衡、省電及高效能。

● 行動中心：它會將使用者常用的功能集中，方便快速變更相關設定，包括調整螢幕亮度及管理電源的功能。

● 方式：開始→所有程式→附屬應用程式→行動中心

● Windows 有三種可自訂的電源設定：關閉硬碟、自動關閉無線介面卡、閒置時關閉螢幕。

13. 新增移除程式

按「開始」→「控制台」→「程式和功能」在清單中選擇您要移除的應用程式，再點選「解除安裝/變更」即可移除程式。

開始>控制台

📑 練習》 修復或移除電腦中的 WINRAR

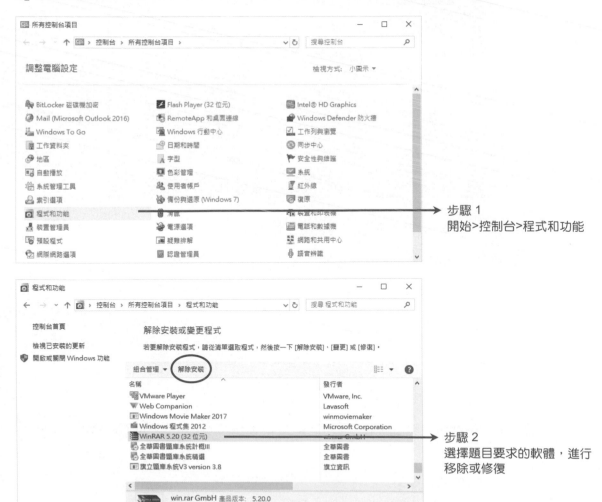

步驟 1
開始>控制台>程式和功能

步驟 2
選擇題目要求的軟體，進行
移除或修復

14.檔案總管

　　資料夾就是 WINDOWS 用來存放檔案的地方，這也可以想像成於現實生活中放在檔案櫃中的文件夾。WINDOWS 的檔案結構就是一種樹狀結構，我們可把「檔案」當成樹葉，資料夾就當成一個節點，（資料夾就是 DOS 底下的目錄），而路徑就是指到該「檔案」或資料夾的途徑。

　　例如:C:\Certiport\console\exam.exe

　　C 磁碟根目錄下的 Certiport 資料夾下 console 資料夾中的 exam.exe 執行檔，而 console 是 Certiport 的子資料夾，而 Certiport 是 console 的父資料夾。

1. 在檔案總管中 + 表示尚未展開 − 表示已展開到最底層

　　● 刪除檔案直接按 Delete 鍵，會進入資源回收筒，可還原

　　　永久刪除，無法還原則按 Shift + Delete

　　● 選擇連續按 Shift、選擇不連續按 Ctrl、全選按 Ctrl+A

　　　複製按 Ctrl+C、剪下按 Ctrl+X、貼上按 Ctrl+V

　　● 拖曳的重點

選擇物件拖曳到目的地	同磁碟槽:例 C:→C:	不同磁碟槽:例 C:→D:
按滑鼠左鍵＋拖曳	搬移	複製
按 Ctrl＋滑鼠左鍵＋拖曳	複製	複製
按 Shift＋滑鼠左鍵＋拖曳	搬移	搬移

2. Windows 中常見的檔案類型及副檔名

檔案類型	副檔名=附屬檔名可看出主檔名的型態
可直接執行的檔案	.com > .exe > .bat 優先執行順序
Office 相關檔案	.docx（WORD）　　　.xlsx（EXCEL） .pptx（Powerpoint）　.mdb/accdb（ACCESS）
點陣圖檔	.bmp .gif .ico .jpg .png .tif .ufo .psd
向量圖檔	.ai .cdr .wmf
視訊影片檔	.asf .avi .mov .mpg .rm .wmv
聲音音樂檔	.wav .mid .rm .au .aif .mp3 .aac
網頁檔	.htm .html .asp .php
檔案壓縮檔	.zip .arj .gz .lzh .rar

練習》 將「情書.docx」這個檔案從「桌面」複製到「考證資料」資料夾（位於「桌面」）。

步驟 1
選取情書.docx 按右鍵選複製或按 Ctrl+C

步驟 2
進入考證資料>按右鍵貼上或按 Ctrl+V

練習》 拒絕使用者 user 修改位於「桌面」的「客戶.xlsx」檔案的權限。

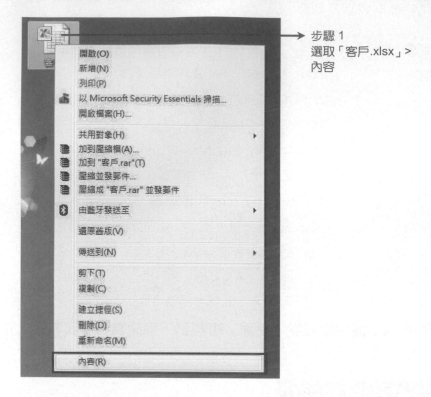

步驟 1
選取「客戶.xlsx」>
內容

步驟 2
安全性>選 USER>編輯

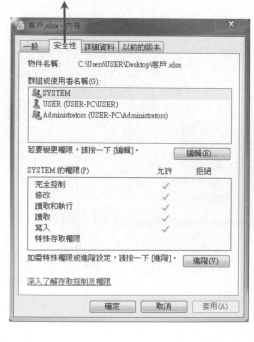

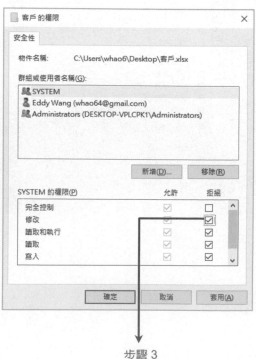

步驟 3
拒絕>點選修改打勾>確定

練習》 將「桌面」的「情書.docx」，在不開啟它的狀態之下，複製到「USB 隨身碟」中。

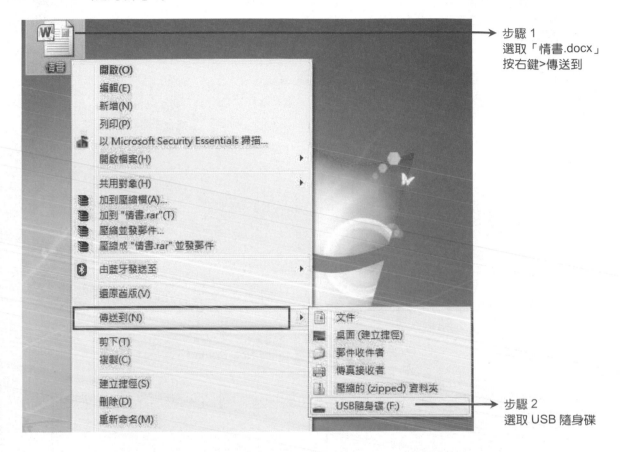

步驟 1
選取「情書.docx」
按右鍵>傳送到

步驟 2
選取 USB 隨身碟

練習》 請透過自訂「快速存取工具列」的方式，讓使用者可點擊某個按鈕就能列印。

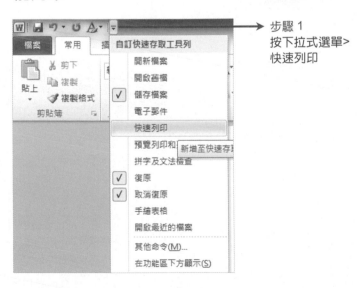

步驟 1
按下拉式選單>
快速列印

練習》 變更預設字型為「Times New Roman」使之後的頁面皆使用該字型。

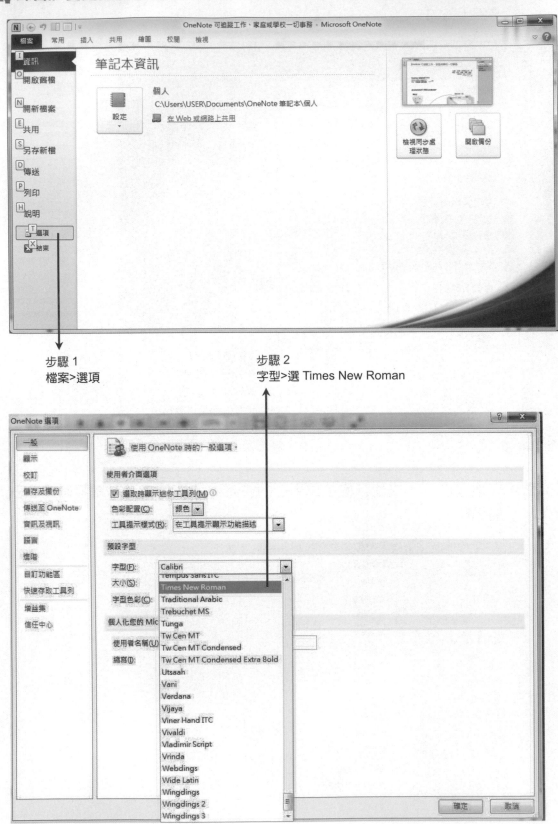

步驟 1
檔案>選項

步驟 2
字型>選 Times New Roman

📑 **練習》** 將 <u>**Pokemon520!**</u>設為「Eddy.Wang」帳戶的密碼。

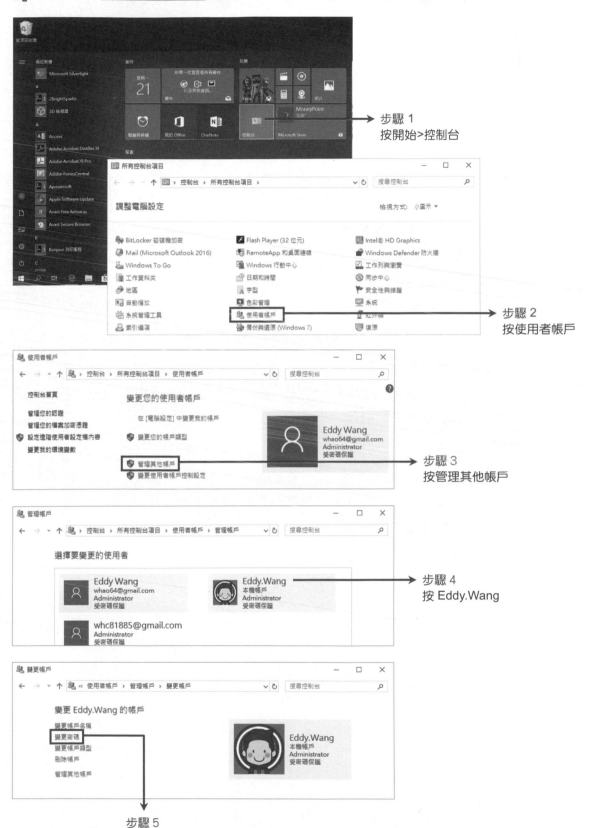

步驟 1
按開始>控制台

步驟 2
按使用者帳戶

步驟 3
按管理其他帳戶

步驟 4
按 Eddy.Wang

步驟 5
按變更密碼

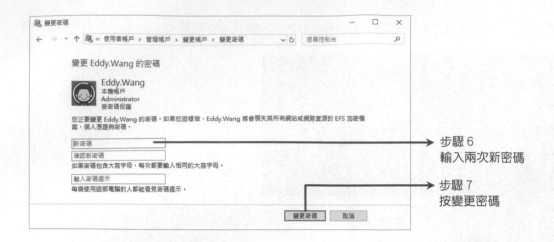

步驟 6
輸入兩次新密碼

步驟 7
按變更密碼

練習》 在不使用任何搜尋功能的情況下，開啟位於以下路徑中的「情書.docx」
檔案:「C:\使用者\user\文件\情書.docx」。

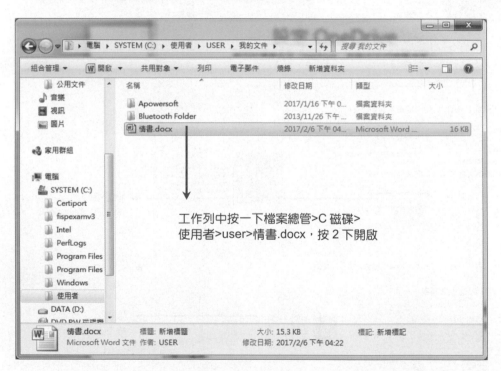

工作列中按一下檔案總管>C 磁碟>
使用者>user>情書.docx，按 2 下開啟

題型1

以下關於可安裝於 Mac 的應用程式的敘述，哪一項為真？

(1) 它們被稱為 app 而不是叫作應用程式

(2) 它們能在運行 OS X 作業系統的電腦中運作

(3) 它們能在任何運行 iOS 作業系統的裝置中運作

(4) 它們能在運行 Windows 作業系統的電腦中運作

本題答案 2

題型2

以下哪兩個是開放原始碼的作業系統？（選擇兩項）

(1) OS X

(2) Android

(3) Linux

(4) Windows 7 或 Windows 10

本題答案 2,3

題型3

哪一個是有效的 Windows 檔案路徑？

(1) C://Desktop/School/"Assignments"

(2) C:\Windows\System32\drivers

(3) C:-Applications-Drivers_mouse

(4) https://C:\Docments\

本題答案 2

題型4

Windows 有哪三種可自訂的電源設定？（選擇三項）

(1) 關閉硬碟

(2) 閒置時停用音效

(3) 自動關閉無線介面卡

(4) 處理器電源管理

(5) 閒置時關閉螢幕

本題答案 1,3,5

課後評量

( )1. 在 Windows 檔案屬性中，不包含下列何種日期？

(A)建立日期 (B)修改日期

(C)存取日期 (D)列印日期

( )2. 在 Microsoft Windows 中，下列哪一項功能，可以讓我們只要輸入檔案名稱的片段，就可以找出所需要的檔案？

(A)檔案及設定移轉精靈 (B)磁碟重組

(C)系統資訊 (D)搜尋

( )3. 在 Windows 中可以透過下列哪一項的磁碟維護工具，來移除暫存的網際網路檔案？

(A)清理磁碟 (B)復原磁碟

(C)重組磁碟 (D)檢查磁碟

( )4. 在 Windows 中，若欲檢視區域網路上某台電腦所分享出來的資料夾，可開啟下列何者？

(A)網路上的芳鄰 (B)壓縮公用程式

(C)磁碟重組工具 (D)小畫家

( )5. Windows 的 D 磁碟中只有 a.txt、bb.txt、ccc.txt 三個檔案，分別以三個搜尋條件："?*.txt"、"*.txt"、"*?.txt"，對 D 磁碟進行檔案搜尋，下列敘述何者正確？

(A)?*.txt 搜尋到二個檔案

(B)*.txt 搜尋到二個檔案

(C)*?.txt 搜尋到二個檔案

(D)三個搜尋條件都搜尋到三個檔案

( )6. 螢幕不使用時，最好將電源關掉，以避免螢幕殘留影像，而縮短螢幕壽命。請問除了此種方法之外，還可以利用 Windows 作業系統的哪一項功能來避免這種情形？

(A)設定螢幕解析度 (B)設定桌面背景

(C)設定視窗外觀 (D)設定螢幕保護程式

( )7. 下列何者最不會有觸犯著作權法的疑慮？

    (A)自己購買的軟體隨意複製給他人使用

    (B)將版權音樂製作成 MP3，透過網路讓他人下載

    (C)想看院線電影不用上電影院，網路上就可以下載

    (D)家裡有兩台電腦都使用 Windows 作業系統，就要買兩套作業系統的版權

( )8. Trend Micro PC-Cillin 是屬於下列何種軟體？

    (A)電腦防毒軟體　　　　　　　　(B)資料壓縮軟體

    (C)資料庫管理軟體　　　　　　　(D)檔案傳輸軟體

( )9. 有一種類型的軟體，本身享有著作權保護，但可藉由發佈通用公共授權
（General Public License）的形式，允許使用者對該軟體進行重製、散佈與修
改。此種類型的軟體稱為：

    (A)商業試用軟體　　　　　　　　(B)自由軟體

    (C)共享軟體　　　　　　　　　　(D)公共領域軟體

( )10. 變更 Windows 桌面背景時，下列答案何者不是位置選項的選擇項目？

    (A)置中　　　　　　　　　　　　(B)橫向並排

    (C)並排顯示　　　　　　　　　　(D)延展

( )11. 有些軟體被製作成免安裝的形式，這類軟體俗稱為：

    (A)自由軟體　　　　　　　　　　(B)共享軟體

    (C)綠色軟體　　　　　　　　　　(D)免費軟體

( )12. Windows 是屬於下列哪一類軟體？

    (A)公用程式　　　　　　　　　　(B)作業系統

    (C)語言翻譯程式　　　　　　　　(D)專案開發軟體

( )13. 找出電腦中所有副檔名為 JPG 的照片檔案，他必須設定下列何者來作為搜尋
條件？

    (A)檔案日期　　　　　　　　　　(B)檔案大小

    (C)檔案類型　　　　　　　　　　(D)檔案作者

( )14. 在微軟 Windows 作業系統下，下列哪個動作可以顯示工作管理員？

    (A)Ctrl＋Alt＋Delete　　　　　　(B)Ctrl＋Enter

    (C)Ctrl＋Alt＋Shift　　　　　　　(D)Ctrl＋Alt＋Esc

（　　）15. 下列何種行為是屬於著作權的合理使用？

(A)把從 BBS 上收集來的文章整理出版

(B)任意下載免費軟體（freeware）

(C)未經授權而把別人的文章註明出處貼上 BBS

(D)定期以電子報方式大量轉寄別人在 BBS 上發表的文章

（　　）16. 地下光碟複製工廠，拷貝光碟的行為，係違反下列何者有關智慧財產權的法律？

(A)專利法　　　　　　　　　　　　(B)商標法

(C)營業盜賣法　　　　　　　　　　(D)著作權法

（　　）17. Windows 中搜尋檔案或資料夾時，下列何者不是可使用的搜尋選項？

(A)檔案大小　　　　　　　　　　　(B)檔案日期

(C)檔案名稱　　　　　　　　　　　(D)檔案作者

（　　）18. 一般狀況下啟動 Windows 後，所呈現的畫面稱為：

(A)檔案總管　　　　　　　　　　　(B)桌面

(C)控制台　　　　　　　　　　　　(D)我的電腦

（　　）19. 下列有關智慧財產權的敘述，何者正確？

(A)學生可以不需經過上課教師的同意，自行錄下其上課內容並放置於網路上，供人下載

(B)任何套裝軟體皆可自行安裝於數台電腦上

(C)只要購買的是合法軟體，即可複製給他人使用

(D)著作權存續於著作人之生存期間及死亡後五十年之內

（　　）20. 在 Windows 作業系統中，被刪除的檔案會被存放在哪裡？

(A)資料夾　　　　　　　　　　　　(B)我的文件

(C)檔案總管　　　　　　　　　　　(D)資源回收筒

答案

1.(D)	2.(D)	3.(A)	4.(A)	5.(D)	6.(D)	7.(D)	8.(A)	9.(B)	10.(B)
11.(C)	12.(B)	13.(C)	14.(A)	15.(B)	16.(D)	17.(D)	18.(B)	19.(D)	20.(D)

備份與還原

一、為何要備份及還原

1. 在資訊科技與資料管理領域，備份指將檔案系統或資料庫系統中的資料加以複製；一旦發生災難或錯誤操作時，得以方便而及時地取消復原系統的有效資料和正常運作。最好將重要資料製作三個，或三個以上的備份，並且放置在不同的場所，以利日後回存之用。

2. 備份種類

   ● 全部備份（Full Backup），即把硬碟或資料庫內的所有檔案、資料夾或資料作一次性的複製。

   ● 增量備份（Incremental Backup），指對上一次全部備份或增量備份後更新的資料進行備份。

   ● 差異備份（Differential backup）差異備份提供執行完整備份後變更的檔案的備份

   ● 選擇式備份，對系統的一部分進行備份。

二、Windows 如何備份

▌ 請按一下【開始】按鈕，然後按一下【控制台】。

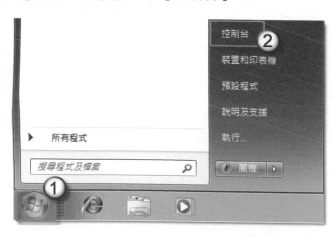

2 接下來，請按一下【備份電腦】。

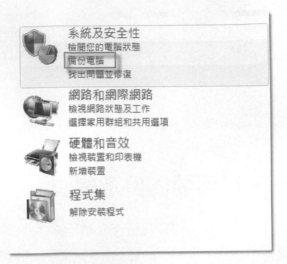

3 按一下【建立系統映像】。

4 選擇您想將備份儲存的位置，您可以選擇備份至硬碟上，DVD 上或是網路位置，在這裡我們以儲存至硬碟為例子。

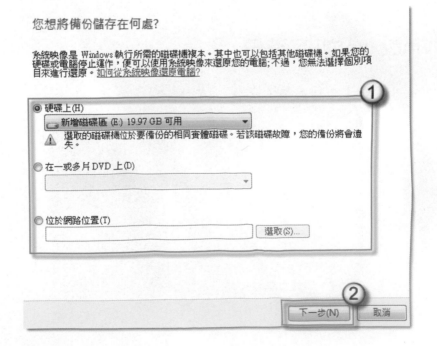

題型 1

在系統上建立一個還原點（非完整備份）並命名該還原點為考證。

步驟 1
開始>控制台>系統
及安全性>系統

步驟 2
系統保護

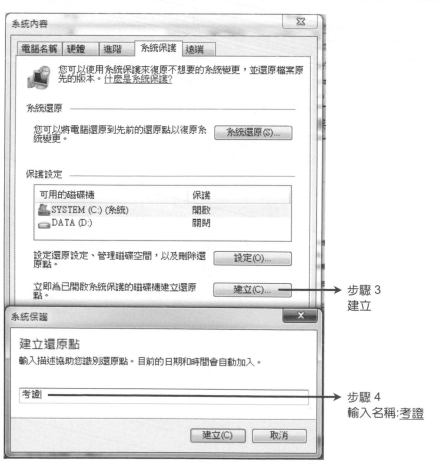

步驟 3
建立

步驟 4
輸入名稱:考證

還原系統到建議的還原點。

步驟 1
開始>控制台>系統

步驟 2
將電腦還原到較早
時間

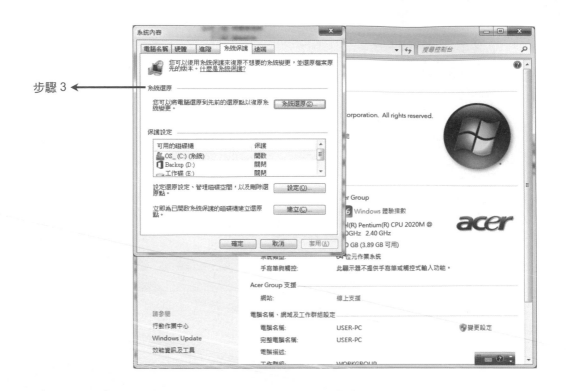

步驟 3

三、線上備份

　　雲端儲存是一種網路線上儲存（英語：Online storage）的模式，即把資料存放在通常由第三方代管的多台虛擬伺服器，而非專屬的伺服器上。代管（hosting）公司營運大型的資料中心，需要資料儲存代管的人，則透過向其購買或租賃儲存空間的方式，來滿足資料儲存的需求。

　　實際上，這些資源可能被分布在眾多的伺服主機上。雲端儲存這項服務乃透過 Web 服務應用程式介面（API），或是透過 Web 化的使用者介面來存取。

　　線上儲存服務，通過雲端儲存實現網際網路上的檔案同步，用戶可以儲存並共享檔案和資料夾。目前有提供免費和收費服務，在不同作業系統下有用戶端軟體，並且有網頁用戶端。

名稱	Google Drive	Microsoft OneDrive	Dropbox	Apple iCloud
永久免費儲存空間	15GB	15GB（行動應用程式開啟自動上傳可升級為30GB）	2GB	5GB
最大單檔上傳大小	5GB	10GB	300MB（瀏覽器上傳）大小不限（透過應用程式上傳）	15GB

名稱	Google Drive	Microsoft OneDrive	Dropbox	Apple iCloud
電腦應用程式	Windows, Mac	Windows, Mac	Windows, Mac, Linux	Windows, Mac
行動應用程式	Android, iOS	Android, iOS, Windows Phone	Android, iOS, Windows Phone, BlackBerry	iOS

題型1

裝置中最需要備份的資料是什麼？

(1) 驅動程式
(2) 作業系統
(3) 個人檔案
(4) 應用程式

本題答案 3

題型2

下列關於線上備份的敘述，何者為真？

(1) 線上備份是最迅速的備份形式
(2) 線上備份可透過網路存取
(3) 線上備份是使用雲端儲存任何檔案，而非使用硬體裝置
(4) 線上備份為安全性最低的檔案備份方式

本題答案 2

題型3

將 50GB 大小的檔案可靠地傳送給多位遠端用戶最有效率的方式為何？

(1) 將檔案備份，然後將其還原到收檔人的系統中
(2) 將檔案上傳到雲端儲存空間，然後共享該檔案
(3) 以電郵附件方式將檔案一次寄送給所有的收件者
(4) 將檔案下載到 USB 或快閃硬碟中後，再把該硬碟寄給每一位用戶

本題答案 2

題型4

如果您要緊急分享一些需求被更新的檔案，最好的解決辦法為何？

(1) 透過電子郵件來傳送

(2) 使用 Instagram

(3) 儲存到隨身碟

(4) 使用 Dropbox

本題答案 4

題型5

以下關於可用於備份的外部硬碟的敘述，哪二項為真？（選擇兩項）

(1) 可以將外部硬碟存放在安全的遠端位置

(2) 外部硬碟在檔案量少的時候才有用處

(3) 每次備份時須將外部硬碟連接至電腦

(4) 將資料傳輸到外部硬碟所費的時間比傳輸到線上儲存空間的還長

本題答案 1,3

題型6

以下關於壓縮檔的敘述，哪兩項為真？（選擇兩項）

(1) 可以在資料夾內的壓縮檔案而保留了檔案組織形式

(2) 壓縮檔案能降低其檔案大小，進而能夠加速上傳和下載兩者的時間

(3) 壓縮檔案即代表為自動加密，提供了安全性和隱私性

(4) 壓縮檔案能自動將其編入索引以便於搜尋

本題答案 1,2

題型7

安全的備份指的是哪三種特性？（選擇三項）

(1) 應僅備份在安全的位置

(2) 應對備份資料進行加密

(3) 備份應為差異備份

(4) 應進行大量備份

(5) 應有一份備份資料存於遠端位置

本題答案 2,3,5

哪二個用程式可還原 iPhone 的備份資料？（選擇兩項）

(1) Firfox

(2) Explorer

(3) iTunes

(4) iColud

(5) Dropbox

本題答案 3,4

備份檔案的兩大關鍵理由是什麼？（選擇兩項）

(1) 當應用程式更新損壞時，可進行復原

(2) 當遭致病毒攻擊時，可救回損壞的資料

(3) 遇到電源中斷時，可取回遺失的資料

(4) 當硬碟故障時，可復原受損的資料

(5) 可還原到一個新的裝置

本題答案 2,4

只將備份檔案保存在本機上的兩種缺點為何？（選擇兩項）

(1) 儲存空間受限於電腦空間

(2) 不應對備份資料進行加密

(3) 當電腦有任何損害，也會對備份資料造成同樣的損害

(4) 一般而言，它的作業速度比雲端儲存空間的還要慢

本題答案 1,3

1-5 共享檔案雲端運算

一、雲端運算

雲端運算（英語：Cloud Computing），是一種基於網際網路的運算方式，通過這種方式，共享的軟硬體資源和資訊可以按需求提供給電腦各種終端和其他裝置。

二、三種服務模式

美國國家標準和技術研究院的雲端運算定義下列三種服務：

1. **軟體即服務（SaaS）**：消費者使用應用程式，但並不掌控作業系統、硬體或運作的網路基礎架構。是一種服務觀念的基礎，軟體服務供應商，以租賃的概念提供客戶服務，而非購買，比較常見的模式是提供一組帳號密碼。例如：Microsoft CRM。

2. **平台即服務（PaaS）**：消費者使用主機操作應用程式。消費者掌控運作應用程式的環境（也擁有主機部分掌控權），但並不掌控作業系統、硬體或運作的網路基礎架構。平台通常是應用程式基礎架構。例如：Google App Engine。

3. **基礎設施即服務（IaaS）**：消費者使用「基礎運算資源」，如處理能力、儲存空間、網路元件或中介軟體。消費者能掌控作業系統、儲存空間、已部署的應用程式及網路元件（如防火牆、負載平衡器等），但並不掌控雲端基礎架構。例如：Amazon AWS。

三、SaaS（軟體即服務）的服務模式

1. 使用者能夠存取服務軟體及資料。服務提供者則維護基礎設施及平臺以維持服務正常運作。SaaS 常被稱為「隨選軟體」，並且通常是基於使用時數來收費，有時也會有採用訂閱制的服務。

2. SaaS 使得企業能夠藉由外包硬體、軟體維護及支援服務給服務提供者來降低 IT 營運費用。

3. 由於應用程式是集中供應的，更新可以即時的發布，無需使用者手動更新或是安裝新的軟體。

4. SaaS 的缺陷在於使用者的資料是存放在服務提供者的伺服器之上，使得服務提供者有能力對這些資料進行未經授權的存取。

5. 使用者透過瀏覽器、桌面應用程式或是行動應用程式來存取雲端的服務。推廣者認為雲端運算使得企業能夠更迅速的部署應用程式，並降低管理的複雜度及維護成本，及允許 IT 資源的迅速重新分配以因應企業需求的快速改變。

四、IP 位址（Internet Protocol address）

1. IP 位址即 Internet Protocol Address

● IP address 則是每一個 Internet site（站台）所擁有的獨一無二位址。

通常此 IPV4 位址以 4 個位元組（32 位元）來表示，並分成四段，每段數字都是介於 0 到 255 之間的數字（一個位元組）。

例：網址→203 . 70 . 66. 25（正確）

　　網址→303 . 38 . 49 . 1（錯誤，範圍為 0~255）

● 目前的 Ipv4 已經幾乎不敷使用以 16 個位元組（128 位元）來重新指定下一代的 IP 位址，於是 IPv6 允許有 2^{128} 位址，以解決 IP 的不足，而不必使用目前的動態配置或是 NAT 網路位址轉換的方式。

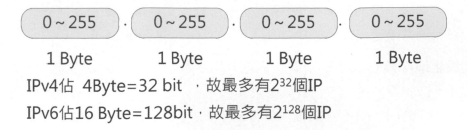

IPv4佔 4Byte=32 bit ，故最多有2^{32}個IP
IPv6佔16 Byte=128bit，故最多有2^{128}個IP

● IPv6 以 128 位元來表示，其位址表示方法是將它區分為 8 段，每段由 16 bits 組成，彼此以冒號（:）隔開。ex：1234:5E0D:309A:FFC6:24A0:0000:0ACD:729D

2. IP 位址包含網路部份和主機部分，依所容納的主機數量分為 A、B、C 三級。在 IP address 的四組數字當中，保留最後一個數字為 0 的給該網路的主機，而最後一位數字為 255 的則用來作為廣播（發出訊息給網路上所有電腦），所以每一個 Class 的網路當中，都有兩個位址不能使用。

CLASS A：第一位元組 0~127，可使用 1.x.x.x 到 126.x.x.x

8 網路位元　　　　　　24 主機位元

但 Class A 有 0、10、127 三個特殊網域不能使用，所以 Class A 網路共有 **$2^{(8-1)}$-3=125**
通常這是大型電腦公司所擁有，每一個 Class A 的網路可用的 IP 位址為 **2^{24}-2**，相
當於 16,777,214。Class A 保留 127.0.0.1 用來進行迴路回測，主要是透過本身主機
將訊息送回本身主機，以檢查主機的 TCP/IP 設定是否正確。而 10.0.0.0 是保留給
INTRANET（企業間網路）做 IP 位址設定。綜上可知，Class A 網路位址共可提供
125*(2^{24}-2)個 IP 位址。

CLASS B：第一位元組 128~191，可使用 128.1.x.x 到

191.254.x.x

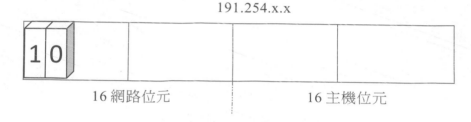

16 網路位元　　　　　　16 主機位元

而 Class B 網路共有 **$2^{(16-2)}$-2=16,382** 個，通常這些給予國際組織或是網路公司，Class
B 網路可使用的 IP 位址為 **2^{16}-2**，相當於 65,534。綜上可知，Class B 網路位址共
可提供 16382*(2^{16}-2)個 IP 位址。

CLASS C　第一位元組 192~223，可使用 192.0.1.x 到 223.255.254.x

24 網路位元　　　　　　8 主機位元

數量最多的 Class C 網路共有 $2^{(24-3)}$-2=2,097,150 個，則提供給一般公司或是個人申
請，一般的 Class C 網路則可以使用 2^8-2，相當於 254 個位址。綜上可知，Class C
網路位址共可提供 2097150*254 個 IP 位址。

五、Microsoft Onedrive 安裝及應用

1 安裝 Onedrive。

請至網址 https://onedrive.live.com/about/zh-tw/download/下載軟體

② 開啟 Microsoft OneDrive 並建立一個名稱為**考證工作**的資料夾。

步驟 2
按一下 OneDrive

步驟 3
新增資料夾>輸入名稱為**考證工作**

步驟 1
按 1 下檔案總管

③ 開啟 Microsoft OneDrive 並將「piggy.png」複製到「圖片」資料夾中.將此圖片貼到桌面上。

步驟 2
按一下 OneDrive

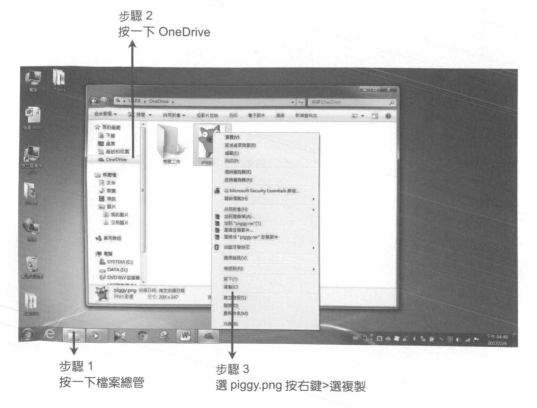

步驟 1
按一下檔案總管

步驟 3
選 piggy.png 按右鍵>選複製

步驟 4
選我的圖片>貼上
並到桌面上>貼上

題型1

與使用存放在本地電腦的程式相比,使用網路應用程式或軟體即服務(SaaS)的一種優點為何?

(1) 您的個人數據資料和電腦應用程式在雲端中能彼此運作得更好
(2) 您將能使用最新且可靠的軟體版本
(3) 針對您所使用的程式,您只要支付一次性的收費即可
(4) 以雲端技術為基礎的軟體使用起來較容易上手

（本題答案）2

題型2

您在電腦中建立一份 Word 文件並想要將它放在您的 OneDrive 線上儲存空間,該如何達成?

(1) 將檔案另存新檔到您本地的 OneDrive 資料夾
(2) 將它上傳到您的 Google Drive 帳戶
(3) 將它拖曳到您的 OneNote 筆記本
(4) 在 Word Online 開啟一個新文件

（本題答案）1

題型3

當使用 Chrome 時，存放網路下載檔案的預設資料夾是哪一個？

(1) 下載

(2) 「我的圖片」資料夾

(3) 「我的文件」資料夾

(4) 桌面

(5) 暫存檔案

本題答案 1

題型4

在以下哪一種情況必須要壓縮檔案才能完成作業？

(1) 使用 Outlook 2013 寄送一個 30 MB 大小的檔案時

(2) 使用 Gmail 寄送一個 30 MB 大小的檔案時

(3) 使用 USB 硬碟分享一個 30 MB 大小的檔案時

(4) 要在 Google Drive 分享一個 30 MB 大小的檔案時

本題答案 2

題型5

網際網路協定位址（IP）的用途是什麼？

(1) 提供對某個加密的無線網路的存取能力

(2) 可供識別某個連線到網路的特定裝置

(3) 可決定網路流量的優先順序

(4) 可決定某個裝置的頻寬

本題答案 2

題型6

哪一個是有效的 IP 位址？

(1) 482-KL-5JK

(2) 2C79BAD3BAEA9DF84A1FEA7EBC472

(3) 193.111.11.111

(4) 4832 2838 1988 3827

本題答案 3

雲端的定義為何？

(1) 讓您能在您的硬碟中進行協作和共享檔案的地方

(2) 一種電腦互聯網

(3) 一台不在使用者家中的電腦

(4) 一種在網路而不是在您電腦中運行的軟體和服務

本題答案 1

在以下哪一種情況中, 壓縮檔案才能完成作業？

(1) 將一個 1MB 大小的工作表檔案傳輸到隨身碟時

(2) 要在 Dropbox 存放一個 20MB 大小的圖像檔案時.

(3) 透過 Google Mail（Gmail）寄送一個 30GB 大小的檔案時

(4) 要在硬碟中存放一個 50 KB 大小的文件檔案時

本題答案 3

使用聊天服務時，可以執行以下哪三項功能？（選擇三項）

(1) 將訊息加上超連結

(2) 添加表格或圖表

(3) 傳送圖片

(4) 傳送訊息給離線聯絡人

(5) 文字與段格式設定

本題答案 1,3,4

以下關於軟體即服（SaaS）的敘述，哪兩項為真？（選擇兩項）

(1) 更新作業由使用者來管理

(2) SaaS 應用程式能讓使用者協作但不能共享資訊

(3) SaaS 為在雲端中管理的應用程式

(4) SaaS 有時指的是「即時供應所需的軟體」

本題答案 3,4

題型11

以下哪兩種為典型的雲端活動？（選擇兩項）

(1) 將檔案存到一個加密的 USB 硬碟

(2) 將檔案存到 Google Drive

(3) 在某種桌上型電腦的應用程式存放您的圖片

(4) 上傳圖片到 Instagram

本題答案 2,4

題型12

使用雲端儲存服務的兩種好處為何？（選擇兩項）

(1) 雲端儲存服務提供無限的儲存空間

(2) 雲端儲存不需要網路連線就能對檔案進行存取

(3) 雲端儲存服務使檔案共享變得更加容易

(4) 只要您有網路連線，您能在任何地方存取您在雲端中的檔案

本題答案 3,4

題型13

組織能以哪三種方式來使用雲端進行協作？（選擇三項）

(1) 使用電話線路來進行電話會議

(2) 在一本地區域網路共用檔案

(3) 同時處理一份文件

(4) 舉行網路會議

(5) 使用以網路為基礎的客戶關係管理（CRM）工具

本題答案 3,4,5

題型14

以下哪三項敍述精確的說明了雲端運算服務？（選擇三項）

(1) 雲端儲存空間服務可能根據所存放的數據總量不同來計費

(2) 雲端運算也可能指的是軟體即服務（SaaS）而不一定是指數據儲存空間

(3) 雲端運算服務須透過瀏覽器才能存取

(4) 以雲端技術為基礎的運算服務基本上為免費

(5) 可設定桌上型電腦和行動裝置的應用程式以使用雲端服務進行數據同步作業

本題答案 1,2,5

您可以使用以下哪三種方式來與一個群體共享一個 100MB 的電腦檔案以下哪三項敘述精確的說明了雲端運算服務？（選擇三項）

(1)將檔案以電郵附件方式寄送給群體的所有成員

(2)將檔案上傳到雲端儲存空間，然後與該群組共享該檔案

(3)將檔案複製到 CD、DVD 或 USB 硬碟後，再將它們分別寄給群組成員

(4)將檔案存放在共用的網路資料夾

(5)把檔案發布在線上群組對話中

本題答案 1,2,4

影響網路連線頻寬的因素有哪些？（選擇三項）

(1) 記憶體大小

(2) 處理器

(3) 網路服務供應商

(4) 數據機

(5) 無線路由器

本題答案 3,4,5

以下哪兩種為您壓縮檔案的有效理由？（選擇兩項）

(1) 可減少檔案大小以便在網路上傳送給他人

(2) 為了執行數據和檔案的定期備份

(3) 能標示檔案而使系統知道可將其封存

(4) 當共享檔案時，可保持一整組檔案或目錄的組織形式

本題答案 1,4

1-6 資訊安全性及防火牆

一、資訊安全

資訊安全：為了確保儲存或傳送中的資料，不被他人有意或無意的竊取及破壞，而把管理和安全防護技術應用於電腦軟體及資料上。

一、資訊安全的項目

1. **系統安全**：維護電腦系統正常運作

   - 定期備份系統重要資訊
   - 安裝防毒軟體，不要使用來源不明的資料或軟體
   - 在系統上設定使用者帳號和使用的權限
   - 架設鏡射磁碟（Disk Mirror），提供系統自動更新錯誤還原資料
   - 操作人員與使用者的訓練及各種定期作業之執行與管理

2. **程式安全**：重視軟體開發過程的品質及維護

   - 設定軟體使用的密碼
   - 依職責設定軟體使用權限
   - 檔案安全的保護
   - 使用手冊及文件說明
   - 嚴格限制非法軟體的使用

3. **資料安全**：避免資料被竊取、修改或破壞

   - 專人專職負責資料的保管和維護
   - 重要資料需備份，並存放不同安全地點（為最積極的動作）
   - 資料加密和解密、設定使用資料的權限
   - 不定期更新密碼
   - 記錄上線使用者使用的情形

4. **實體安全**：建築物與周遭環境的安全考量

   ● 電腦機房地點的安全

   ● 防火防盜的裝設

   ● 空氣調節及吸塵器

   ● 建築結構和管線架設

   ● 為了使電腦作業不受停電的影響而中斷或資料損失，應加裝不斷電系統 UPS。
   資訊系統的災害以資料喪失最嚴重，除了定期備份，尚須記錄變動日誌檔 LOG

   ● 資訊線路的管制及災害應變計劃

   ● 定期維護硬體降低故障率

5. 如何保護資訊安全：

   資料加密：就是將原來可以閱讀的內容---明文，利用加密方式如演算法和一個金
   鑰(key)，變成無法判讀的密文形式。流程如下圖

二、加密的方法：

1. **對稱式加密法**：A 與 B 欲進行秘密通訊時，資料要進行加密（Encryption）動作，
   先前必須要調一把雙方都認可的加密金鑰（key），當 A 要送訊息給 B 之前要以加
   密金鑰進行加密運算，而當 B 收到此一加密的訊息後，也要以加密金鑰進行解密
   （Decryption）運算將訊息還原，以達成秘密通訊的效果。如：DES 加密法。

2. **非對稱式加密法**（Asymmetric Encryption）：非對稱式加密法又稱為**公開金鑰加密
   法**（Public Key Encryption），採用兩把不同的鑰匙，一把稱為公開鑰匙、一把稱為
   祕密鑰匙，公開鑰匙用於加密，祕密鑰匙用於解密。使用者可以公開公開鑰匙給其
   他的人加密重要文件，再利用祕密鑰匙解密。

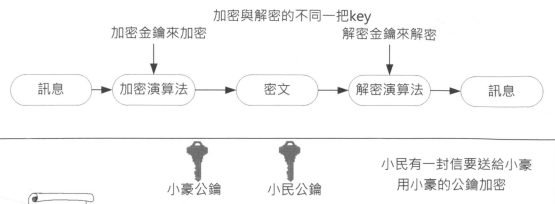

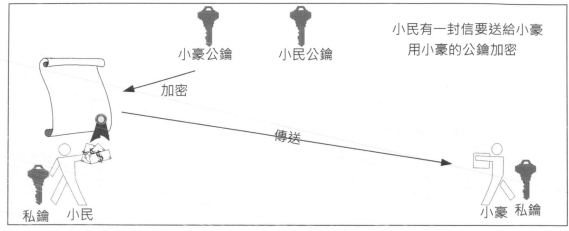

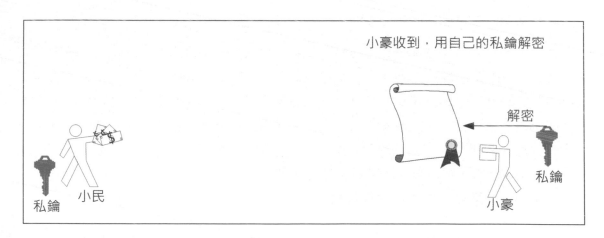

三、資訊安全協定

1. **SSL（Secure Sockets Layer）安全傳輸協定**：所謂 SSL（Secure Sockets Layer）指的是網景通訊公司（Netscape Communications）所研發出來的網路安全傳輸協定。它在用戶端與伺服主機之間進行加密與解密的編碼程序，透過這個安全編碼程序讓駭客或惡意使用者無法截取消費者所傳出的個人或信用卡卡號等資料。目前網友習慣使用的兩大瀏覽器—網景公司的 Navigator 和微軟的 Explorer，都同時支援 SSL 安全傳輸協定。

   若使用 IE 瀏覽器，請檢視瀏覽器視窗右下方是否有一個已鎖上的小鎖圖案。若有，表示該網頁有受到 SSL 加密保護。要確認您現在網頁啟動 SSL 的加密強度，只須

將滑鼠指向小鎖，即會顯示 SSL 安全保護的加密位元。目前依財政部最高標準，建議採用 128 位元。

2. SET：SET 是由 VISA 與 MasterCard 兩大信用卡組織提出的一種應用在網際網路上以信用卡為基礎的電子付款系統規範，是用來保證網路上信用卡交易的安全性。簡單地說，SET 規格使用了公開金鑰（public key）所編成的密碼文件（Cryptography），以維護在任何開放網路上的個人、金融資訊的隱密性。在 SET 規格中，確認了以下四個目標：

- 私密性（Confidentiality）：確認資料輸入的私密性

- 完整性（Integrity）：確認訂單付款資料在傳輸的過程中不至於被更改

- 身分確認（Authentication）：確認商店及持卡人雙方身份的正確性

- 不可否認（Non-Repudiation）：確認交易雙方正確及完整性

四、數位簽章（Digital Signature）

數位簽章（Digital Signature）類似手寫簽名或蓋章，係以非對稱性之金鑰對演算法來達成，經由電腦程式將私密金鑰（電子印章）及將原網路交易訊息濃縮成訊息摘要予以運算，即可得出數位簽章，表示甲同意進行此網路交易。甲將數位簽章併同原交易訊息傳送給交易對方乙，乙可用以驗證該訊息確實由甲傳送，非由冒牌者傳送出。乙也可據此查驗交易訊息於傳輸過程是否遭竄改。若經乙查驗正確，則甲無法否認曾經傳送此訊息。換句話說，數位簽章賦予電子通訊之安全性，而提供如同書面文件簽名的法律效力。**結論：簽章者＋文件＝數位簽章**。

二、防火牆及虛擬私人網路（VPN）

1. 防火牆（Firewall）

協助確保資訊安全的裝置，會依照特定的規則，允許或是限制傳輸的資料通過。防火牆可能是一台專屬的硬體或是架設在一般硬體上。

針對普通用戶的個人防火牆，通常是在一部電腦上具有封包過濾功能的軟體，如 Windows 7 SP2 後內建的防火牆程式。而專業的防火牆通常為網路裝置，或是擁有 2 個以上網路介面的電腦。以作用的 TCP/IP 堆疊區分，主要分為網路層防火牆和應用層防火牆兩種，但也有些防火牆是同時運作於網路層和應用層。

2. **虛擬私人網路（VPN）**

常用於連線中、大型企業或團體與團體間的私人網路的通訊方法。虛擬私人網路的訊息透過公用的網路架構（例如：網際網路）來傳送內聯網的網路訊息。它利用已加密的通道協議（Tunneling Protocol）來達到保密、傳送端認證、訊息準確性等私人訊息安全效果。這種技術可以用不安全的網路（例如：網際網路）來傳送可靠、安全的訊息。需要注意的是，加密訊息與否是可以控制的。沒有加密的虛擬私人網路訊息依然有被竊取的危險。

題型1

虛擬私人網路（VPN）是什麼？

(1) 一種不需要授權即可接受虛擬連線的網路

(2) 它是一種在一棟建築物中供單人使用的私人網路

(3) 它是一種在公用網路下延伸的安全或私人連接

(4) 是一種具有安全性且經加密的無線網路

本題答案 3

題型2

下列關於防火牆的敘述哪一項為真？

(1) 防火牆是一種保護硬碟免受火災損害的裝置

(2) 防火牆運用一系列的規則來保護電腦不受有害的網路流量影響

(3) 防火牆不僅過時且往往可以被防毒軟體所取代

(4) 當設置防火牆時，使用者可免除對病毒和惡意軟體的擔憂

本題答案 2

題型3

哪一種網路類型能透過網路的方式,讓在遠端的使用者安全地連線？

(1) 無線接取網路（WAN）

(2) 虛擬私人網路（VPN）

(3) 廣域網路（WAN）

(4) 區域網路（LAN）

本題答案 2

當進行線上消費時，在看到什樣的重要標示下，即代表您能放心地將敏感資料傳送出去？

(1) 該網站標示可使用 Paypal 付款
(2) 該網站的網址包含".org"
(3) 該網站的網址起首為"https://"
(4) 該網站的網址包含".com"

本題答案 3

管理多種密碼最安全的方式為何？

(1) 使用一組適用全部登入資料的密碼，這樣你就不用把它們記錄下來了
(2) 把它們寫在一張紙上，然後偷偷地藏在一本未被看過的書籍中
(3) 使用密碼管理器來加密並將密碼存放在網路上
(4) 設定好記的密碼（如妻子的名字）然後不讓任何人知道

本題答案 3

以下哪兩種指標代表某個網站可能是一個可以安全購物的地方？（選擇兩項）

(1) 該網站的網址起首為"http://"且在首頁可以看到良好的評價內容
(2) 該網站具有鉅細靡遺的隱私權聲明和/或使用者條款
(3) 該網站要求使用者透運私人電郵方式傳送付款資訊而不是直接在網站上進行資訊傳輸
(4) 該網站為某個良好聲譽的知名線上商店

本題答案 2,4

網路釣魚電子郵件有哪三種特徵？（選擇三項）

(1) 您會被導向某個網路釣魚網站
(2) 您能透過開啟附件而辨識出真實寄件者
(3) 它是您朋友的電子郵件帳戶已被駭客入侵的證據
(4) 它會使用假的警示對你作出要脅
(5) 它看起來像是發自某個名的來源處

本題答案 1,4,5

題型8

以下哪兩種原因可能使裝置無法連線到某個特定的加密無線網路？（選擇兩項）

(1) 網路密碼已改變

(2) 有其他的無線網路存在

(3) 連線到該路由器的裝置超過八個以上

(4) 網路頻寬過大

(5) 該裝置的無線網路卡遭到停用

本題答案 1,5

題型9

在以下哪二種情況中,您應該避免使用公用無線網路傳輸檔案？（選擇兩項）

(1) 兩個裝置或電腦所使用的作業系統不同

(2) 檔案內容帶有私人或敏感的資訊

(3) 要傳輸的檔案大小很大

(4) 同時還有其他的使用者連線到該無線網路

本題答案 2,3

題型10

以下哪兩項準則能使密碼更加安全？（選擇兩項）

(1) 不應包含任何符號

(2) 應包含隨機排列的字元

(3) 應包含個人資訊

(4) 應該要長

(5) 所有網站使用的密碼應一致

本題答案 2,4

題型11

使用防毒軟體的兩種好處為何？（選擇兩項）

(1) 可防止已知的病毒損害您的電腦

(2) 阻擋駭客入侵您的電腦

(3) 消滅並移除大部份的病毒

(4) 不允許任何病毒或惡意軟體進入您的電腦

本題答案 1,3

以下哪三種方式為透過使用社群媒體網站而可能致使身份盜竊情況發生？（選擇三項）

 (1) 使用低層級的隱私權設定

 (2) 閱讀電子郵件

 (3) 接受您不認識的人傳來的邀請

 (4) 觀看您動態消息的影片

 (5) 回覆一封要求您更新帳戶資訊的電郵

  本題答案 1,3,5

當使用 Windows 7 的防火牆時，可選擇下列哪三種功能？（選擇三項）

 (1) 允許在硬碟儲存特定的檔案類型

 (2) 阻擋所有傳入的連接

 (3) 允許特定的程式可穿透防火牆進行交流

 (4) 開啟或關閉防火牆

 (5) 搜尋電子郵件是否有病毒

  本題答案 2,3,4

課後評量

( )1. 下列哪一項資訊安全措施無法降低天災對企業所造成的傷害？

(A)資料備份 　　　　　　　　　(B)異地備援

(C)加裝不斷電系統 　　　　　　(D)安裝防毒軟體

( )2. 下列何者安裝於網際網路與內部區域網路之間，用來保護區域網路以避免來自網際網路的入侵？

(A)防毒軟體 　　　　　　　　　(B)路由器

(C)防火牆 　　　　　　　　　　(D)交換器

( )3. 下列何者不是電腦病毒的特性？

(A)具有自我複製的能力 　　　　(B)具特殊之破壞技術

(C)關機再重新開機後會自動消失 (D)會常駐在主記憶體中

( )4. 在病毒猖狂的網路世界中，除了不使用來路不明的軟體外，下列何種方法對防止病毒最為有效？

(A)不用硬碟開機

(B)不接收垃圾電子郵件

(C)不上違法網站

(D)經常更新防毒軟體，啟動防毒軟體掃瞄病毒

( )5. 下列何種惡意程式，會耗用掉大量的電腦主記憶體儲存空間或網路頻寬？

(A)電腦搜尋程式 　　　　　　　(B)電腦蠕蟲程式

(C)電腦怪蟲程式 　　　　　　　(D)電腦編輯程式

( )6. 覺得電腦變慢了，他關閉所有程式後，CPU 的使用率仍居高不下（如 95%），請問這種情形最可能的原因為何？

(A)電腦感染了惡意軟體 　　　　(B)電腦螢幕快壞了

(C)電壓不足 　　　　　　　　　(D)硬碟空間不足

( )7. 下列何者為架設防火牆的主要用途？

(A)防止駭客入侵電腦系統

(B)將重要檔案進行加密，避免他人窺視

(C)具有穩壓功能，避免硬體損壞

(D)避免電腦中毒

( )8. 檔案型病毒通常寄生在下列何種檔案上？

(A)文字檔   (B)音樂檔

(C)資料庫檔   (D)可執行檔

( )9. 下列何者不是資訊安全的正常措施？

(A)安裝 P2P 軟體   (B)安裝防火牆

(C)定期備份資料   (D)安裝防毒軟體

( )10. 下列有關資訊安全的敘述，何者正確？

(A)Malware 是一套免費的防毒軟體

(B)具有大量自我複製與散播特質的惡意軟體，稱為特洛伊木馬程式

(C)駭客篡改網站首頁，稱為「網路釣魚」

(D)懶人密碼易被駭客以「字典攻擊法」破解

( )11. 哪一個選項對於電腦病毒的敘述是正確的？

(A)是一種黴菌，會損害電腦組件

(B)是一種不良的電腦組件，使電腦工作不正常

(C)是一種程式，它可經由磁片或網路複製

(D)電腦病毒入侵電腦，在關機後，病毒仍會留在 CPU 中

( )12. 電腦病毒的傳播途徑不包含下列何者？

(A)電子郵件   (B)唯讀記憶體（ROM）

(C)隨身碟   (D)即時通訊軟體

( )13. 以下哪一項網路裝置的主要功能在保護內部網路，以阻擋遠端使用者的非法使用？

(A)特洛伊木馬（The Trojan horse）

(B)垃圾郵件過濾系統（Spam Filtering System）

(C)防火牆（Firewall）

(D)入侵偵測系統（Intrusion Detection System）

( )14. 下列敘述，何者不正確？

    (A)使用防毒軟體，仍需經常更新病毒碼

    (B)不可隨意開啟不明來源電子郵件附加檔案

    (C)重要資料燒錄於光碟儲存，可避免受病毒感染及破壞

    (D)重要資料備份於硬碟不同檔案夾內，可確保資料安全

( )15. 電腦病毒通常會透過下列哪些管道來傳播？

    (1)電子郵件　(2)即時通訊軟體　(3)螢幕　(4)隨身碟

    (A)(1)(2)(3)　　　　　　　　　　　　(B)(1)(2)(4)

    (C)(1)(2)(3)(4)　　　　　　　　　　　(D)(2)(3)

( )16. 下列觀念敘述，何者不正確？

    (A)使用防毒軟體，仍需經常更新病毒碼

    (B)不可隨意開啟不明來源電子郵件附加檔案

    (C)重要資料備份於硬碟不同檔案夾內，可確保資料安全

    (D)重要資料燒錄於光碟儲存，可避免受病毒感染及破壞

( )17. 下列哪一項做法，最能降低電腦感染惡意軟體的機率？

    (A)透過討論區提供的連結下載軟體

    (B)在電腦中安裝防火牆軟體

    (C)透過 Facebook 中網友提供的連結，下載遊戲

    (D)收到不明來信者的郵件時，不執行郵件中的附加檔案

( )18. 下列何種電腦犯罪模式，是針對特定主機不斷且持續發出大量封包，藉以癱瘓系統？

    (A)木馬攻擊　　　　　　　　　　　　(B)網路蠕蟲攻擊

    (C)阻絕攻擊　　　　　　　　　　　　(D)隱私竊取

( )19. 下列何者不是防範惡意軟體的正確做法？

    (A)安裝防毒軟體

    (B)定期刪除不必要的檔案

    (C)不下載盜版軟體

    (D)不任意開啟電子郵件的附加檔案

(　　)20. 某位網友在討論區中，張貼大尾鱸鰻、女巫獵人等知名電影的下載連結，請問若我們利用此超連結來下載電影檔，有可能會發生下列哪些情形？

a.個人電腦中的資料遭駭客竊取　b.電腦感染惡意軟體　c.螢幕損壞

(A)abc　　　　　　　　　　　　(B)bc

(C)ab　　　　　　　　　　　　(D)ac

答案

1.(D)	2.(C)	3.(C)	4.(D)	5.(B)	6.(A)	7.(A)	8.(D)	9.(A)	10.(D)
11.(C)	12.(B)	13.(C)	14.(D)	15.(B)	16.(C)	17.(D)	18.(C)	19.(B)	20.(C)

2

Living Online
網路應用生活

2-1 網絡導航

一、網路依規模分類

（一）區域網路（Local Area Network，LAN）

　　根據 IEEE 所定義的區域網路是一種允許各個獨立的硬體設備（電腦）在適當大小的地理區域，在實體通訊通道（Channel）裡用適當的資料傳輸率，彼此直接通訊的系統。故在公司或學校裡所用的網路就屬於 LAN。

1. 範圍不大於某一地區域內，如：社區、校園、公司行號。

2. 傳輸速度快，因為距離較短，故 LAN>Intranet>Extranet>Internet。

3. 達到資源共享：檔案共用、印表機共用、作業系統共用、電子郵件服務。

4. LAN（區域網路）的技術

區域網路名稱	傳輸速率
Gigabit Ethernet（超高速乙太網路）	1G＝1000 Mbps
Fast Ethernet（高速乙太網路）	100 Mbps
FDDI（光纖分散資料介面）	100 Mbps
ATM（非同步傳輸模式）	51.84 Mbps 之倍數
Token Ring（記號環網路）	4~16 Mbps
Ethernet（乙太網路）	10 Mbps
Token Bus（記號匯流排網路）	2.5 Mbps

備註：將各資訊計量單位按從小到大排列.

容量單位由小到大

bit=位元=由 0 或 1 組成=電腦儲存最小、基本單位=以 2 進位表示

Byte=B=位元組=由 8 個 bit 組成=記憶容量表示單位

Kilo Bytes=KB =千(10^3) 位元組=2^{10} Byte =1024 Byte

Mega Bytes=MB =百萬(10^6)位元組=2^{20} Byte=1024KB

Giga Bytes=GB =十億(10^9)位元組=2^{30} Byte=2^{33}bit

Tera Bytes=TB =兆(10^{12})位元組=2^{40} Byte=1024GB

Peta Bytes=PB =拍(10^{15})位元組=2^{50} Byte=1024TB

Exa Bytes=EB =艾(10^{18})位元組=2^{60} Byte=1024PB

Zetta Bytes=ZB =皆(10^{21})位元組=2^{70} Byte=1024EB

> 如何區分：
> 主記憶體 RAM 是以 2 的次方
> 例如：1GB=2^{30}Byte＝1024MB
> 硬碟廠商及其他儲存媒體是
> 以 10 的次方，例如 500GB 是
> 指 500*10^9Byte

（二）都會網路（Metropolitan Area Network，MAN）

介於校園網路（CAN）和廣域網路（WAN）之間稱之為 MAN，其範圍限定在城市或市區周圍之間的網路環境，目前以 IEEE 802.6 的 DQDB 為標準架構，目前大致上以 1 公里到 100 公里為範圍，實務上則多以 FDDI 光纖網路為架構的主體。

（三）廣域網路（Wide Area Network，WAN）

區域網路（LAN）或都會網路（MAN）的連結所形成的網路環境，稱之為 WAN（Wide Area Network），通常以 100 公里以上的網路才稱為廣域網路，其規模可能超過一個城市或一個國家，目前大多經由語音線路（PSTN），或 X.25（分封交換專線）來溝通兩網路間的連結。

二、網路依型態

（一）主從式網路（Client-server network）：用戶從家中瀏覽器連上伺服器

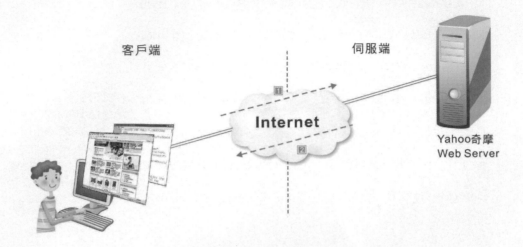

（二）對等式網路（Peer-to-peer network）：用戶相互分享資源，如網路上的芳鄰、即時通、Line、eZpeer 等

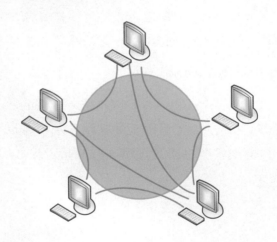

三、網路類型

Intranet < Extranet < Internet

（一）Intranet（企業內部網路）

是一個使用與網際網路同樣技術的電腦網路，它通常建立在一個企業或組織的內部並為其成員提供訊息的共享和交流等服務，例如全球資訊網、檔案傳輸、電子郵件等但侷限於公司內部。

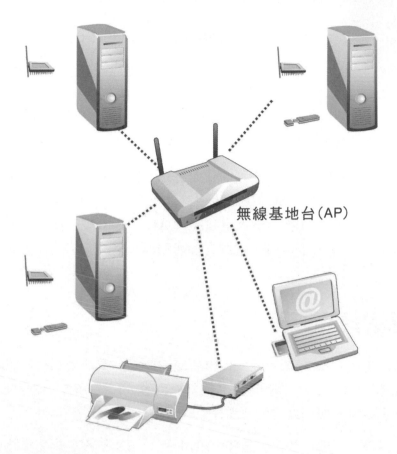

無線基地台(AP)

（二）Extranet（商際網路）

消費者
（企業或個人）

供應商
（製造廠、進口商、零售商）

物流
（倉儲、運輸）

資訊流
（IT、ISP、ICP）

商流
（網路商店、虛擬商城、貿易網）

金流
（銀行、信用卡組織、安全認證中心）

　　外部網應用網際網路與內部網的技術去服務一些對外的企業，包括特定的客戶、供應商或生意上的夥伴。

（三）Internet（網際網路）其前身為美國 ARPANET

是網路與網路之間所串連成的龐大網路，這些網路以一組通用的協定相連，形成邏輯上的單一巨大國際網絡。在這基礎上發展出覆蓋全世界的全球性互聯網路稱網際網路，即是互相連接一起的網路。網際網路並不等同全球資訊網（WWW），全球資訊網只是一建基於超文字相互鏈接而成的全球性系統。

在 1950 年代，通訊研究者認識到需要允許在不同電腦使用者和通訊網路之間進行常規的通訊。這促使了分散網路、排隊論和封包交換的研究。1960 年美國國防部國防前沿研究專案署（ARPA）出於冷戰考慮建立的 ARPA 網引發了技術進步並使其成為網際網路發展的中心。1973 年 ARPA 網擴充功能成網際網路，第一批接入的有英國和挪威電腦。

四、常見網頁瀏覽器

網頁瀏覽器（web browser）是一種用於檢索並展示全球資訊網資訊資源的應用程式。這些資訊資源可為網頁、圖片、影音或其他內容，它們由統一資源標誌符標誌。資訊資源中的超連結可使使用者方便地瀏覽相關資訊。

網頁瀏覽器雖然主要用於使用全球資訊網，但也可用於獲取專用網路中網頁伺服器之資訊或檔案系統內之檔案。

主流網頁瀏覽器有 Mozilla Firefox、Internet Explorer、Microsoft Edge、Google Chrome、Opera 及 Safari。

1. Google Chrome

Chrome 瀏覽器，是目前效能最高、速度最快的瀏覽器，加上 Chrome Web Store（Chrome 應用程式商店）裡面有著各式各樣好玩的遊戲及應用軟體，更加吸引了使用者的目光，支援了 Google 帳號登入功能，可以讓你的書籤、應用程式、密碼、擴充功能、設定…等資料進行同步。

官方網站：https://www.google.com/chrome

2. Internet Explorer

IE 目前最新的版本是 11.0 正式版，支援 Windows 7 SP1（32/64 位元）、Windows 2008 R2 SP1 及 Windows 8…等三種作業系統，據微軟官方說法，IE 11 的 JavaScript 效能比 IE 10 快了 9%，而且能直接播放 HTML5 的影片；如果是 XP/2000/2003 的使用者只能使用慢吞吞的 IE 8 瀏覽器了。

最新的 Windows 10 已經內建了 Windows Edge 瀏覽器，Edge 無法在其他的 Windows 版本上安裝執行。

官方網站：http://windows.microsoft.com/zh-tw/internet-explorer/ie-11-worldwide-languages

3. Mozilla Firefox

Firefox 是由 Mozilla 基金會所開發的免費、開源、跨平台瀏覽器，從 2002 年開始開發。Firefox 除了穩定可靠之外，還有著為數眾多的擴充套件，可以用使用者打造個性化、符合自己需求的瀏覽器，因此有著許多的愛用者。

官方網站：http://www.mozilla.org/zh-TW/

4. Safari

Safari 是蘋果所推出的瀏覽器,支援了 Mac、Windows、 iPad、iPhone 及 iPod touch 等平台,有著不錯的效能,也完整支援了 HTML5、CSS3。

官方網站:http://www.apple.com/tw/safari/

5. Opera

Opera 是個相當老牌子的瀏覽器,大概在 Chrome 7.0 版出現之前,一直都是地表最快速的瀏覽器。Opera 除了速度快之外,還有提供了延伸套件、滑鼠手勢、快速撥號、線上同步…等實用的功能,加上獨特的快取網頁技術,可以提昇網頁瀏覽的速度,Opera 除了支援了多種作業系統之外,Opera Mini 支援了 iOS 及 Android 兩大陣營,是個相當快速的行動型瀏覽器。

從 Opera 4.0 版終於加入了免費 VPN(虛擬私有網路)功能,只要簡單一個開關,就可以啟用 VPN,讓你在瀏覽網站時不會暴露自己的 IP 位址、確保網路的隱私,也可以「翻牆」瀏覽被封鎖的網站,功能相當多。不過因為 VPN 伺服器使用的人多,加上伺服器又在國外,因此使用 VPN 來瀏覽網站的速度會比直接連線要慢上一些。

五、Google Chrome 操作畫面

1 起始畫面 Google 首頁。

2 登入通常放在網站的右上方，例如以 Certiport 為例。

3 瀏覽一般的網頁選單，例如以 Certiport 為例，把滑鼠游標停在選單上或點一下即可啟動該連結。

📥 **練習》哪個連結能開啟這個網站的公司資料頁面？**

練習》網站的紅色框部份一般被稱為"導覽列"或"導覽選單"。

2

網路應用生活

練習》在 Google 上以字串 **Earth** 搜尋圖像,將搜尋結果大小設定在大於
1024*768 像素。

進入 Google 圖片   按搜尋

工具/大小/大於 1024*768

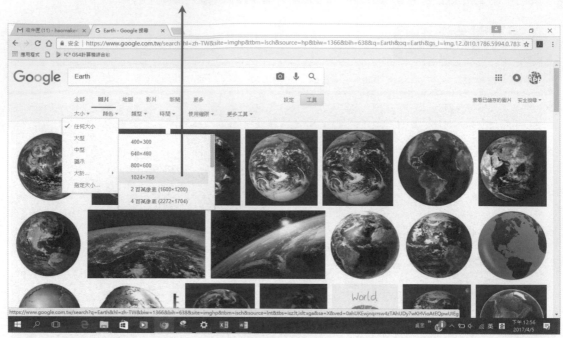

📑 練習》點擊哪裡查看此網頁的設定？

按一下

練習》 設定 Chrome 瀏覽器的網址列使用 Google 作為預設搜索引擊。

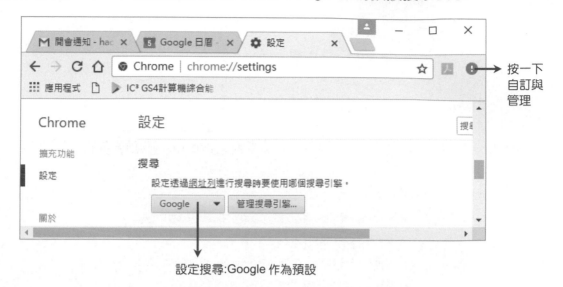

按一下
自訂與
管理

設定搜尋:Google 作為預設

練習》 啟動和設定 Home 鍵以開啟網站 http://www.certiport.com。

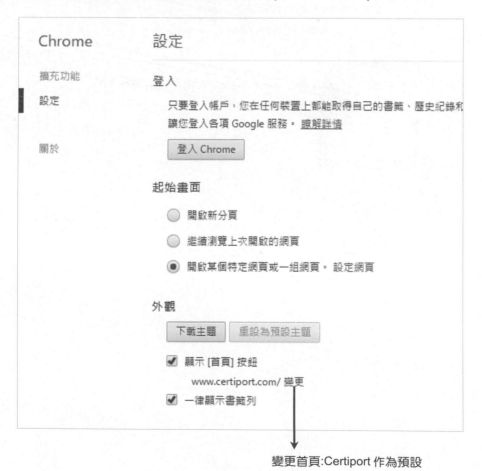

變更首頁:Certiport 作為預設

練習》 啟動「自動填入」表單功能以填寫 Chrome 瀏覽器中的網頁表單。

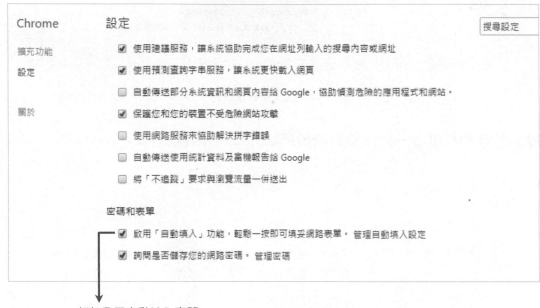

打勾啟用自動填入表單

題型1

你正在查看的網頁似乎並未更新，你應該怎麼做？

(1) 將網頁加入書籤

(2) 重新啟動瀏覽器

(3) 清除網頁瀏覽器的快取記憶體

(4) 停用 cookie

本題答案 3

題型2

你會在網頁的哪一個部份找尋 "登入" 的連結？

(1) 右上

(2) 右中

(3) 左中

(4) 右下

本題答案 1

題型3

哪兩個動作一般被用來瀏覽一般的網頁選單？（選擇兩項）

(1) 把滑鼠游標停在選單上

(2) 點擊和拖拉

(3) 點擊一次

(4) 點擊兩次

本題答案 1,3

題型4

術語與定義配對。

術語	定義
ISP	提供連接網際網路服務的公司
HTML	定義網頁結構的語言
HTTP	超本文傳輸協定
Cookie	用來追蹤用戶在網站的活動
CSS	用來描述網頁的外觀和格式
瀏覽器快取記憶體	儲存一些資料，有助於提升載入網站的速度

( )1. 一般公司為連接各個部門資訊達到資源共享進而提升行政效率，所建立的企業內部網路稱為：

(A)Extranet 　　　　　　　　　　(B)Intranet

(C)Internet 　　　　　　　　　　(D)Telnet

( )2. 下列有關電腦網路的敘述，何者有誤？

(A)電腦網路依涵蓋範圍由大至小排序應為 MAN＞WAN＞LAN

(B)網際網路是由全球各地的網路連結而成

(C)電腦教室雖僅有一部印表機，但透過網路連結，可讓多台電腦共用此一列印設備

(D)Intranet 提供的各種服務，僅限於企業內部使用，故稱企業網路

( )3. 下列傳輸速度的比較，何者正確？

(A)500Kbps＞1Mbps 　　　　　　(B)500Mbps＞5Gbps

(C)3000Kbps＞0.3Mbps 　　　　　(D)5bps＞0.6Kbps

( )4. 以一條傳輸速率為 100Mbps 的網路線直接連接主機（host）A 與主機 B，若主機 A 欲傳輸一個 100M 位元組的檔案至主機 B，則傳送該檔案所需的傳輸時間（transmission delay）最少為幾秒？

(A)1 秒 　　　　　　　　　　　(B)2 秒

(C)4 秒 　　　　　　　　　　　(D)8 秒

( )5. 網際網路（Internet）是依據下列哪一種資料交換技術運作？

(A)封包交換（packet switching）

(B)電路交換（circuit switching）

(C)數位交換（digital switching）

(D)訊息交換（message switching）

( )6. 小財全家剛搬進了一棟新落成的大廈，這棟大廈備有高速的社區網路，請問這種社區網路應歸屬於下列哪一種類型的電腦網路？

(A)區域網路 　　　　　　　　　(B)都會網路

(C)廣域網路 　　　　　　　　　(D)個人化區域網路

(　　)7. 以規模大小而論，a.Internet b.Intranet c.Extranet，若由大而小排列，何者正確？

(A)a＞b＞c　　　　　　　　　　(B)a＞c＞b

(C)c＞a＞b　　　　　　　　　　(D)c＞b＞a

(　　)8. 下列有關 4G 上網的敘述，何者有誤？

(A)LTE 是以 3G/3.5G 為基礎所發展的 4G 無線上網方式

(B)較 3.5G 傳輸速度更快

(C)適合用來傳輸大量的影音多媒體資料

(D)Wi-Fi 上網被歸屬為 4G 世代

(　　)9. Hinet、SeedNet 及 TANet 是服務大家上網的機構及公司，我們稱之為？

(A) NIC（網路訊息中心）　　　　(B)WWW（全球資訊網）

(B)(C)NI（網路仲介）　　　　　　(D)ISP（網際網路服務提供者）

(　　)10. 下列有關瀏覽器的敘述，何者有誤？

(A)可設定瀏覽器開啟後，預設顯示學校網頁

(B)Firefox、Chrome 皆是瀏覽器軟體

(C)瀏覽器提供的主要功能為瀏覽網頁

(D)瀏覽器軟體皆有開放原始碼，故屬於自由軟體

(　　)11. 下列專有名詞對照中，何者有誤？

(A)ICP：網際網路服務提供者

(B)WWW：全球資訊網

(C)電子郵件：E-mail

(D)ADSL：非對稱式數位用戶網路

(　　)12. 下列哪一種應用軟體，最適合讓我們透過網路與他人進行即時語音或是即時影像的溝通？

(A)Outlook　　　　　　　　　　(B)Internet Explorer

(C)MSN Messenger　　　　　　　(D)FrontPage

(　　)13. 下列哪一項不是網際網路（Internet）所提供的服務？

(A)網路遠距教學　　　　　　　　(B)檔案傳輸協定服務（FTP）

(C)衛星定位系統（GPS）　　　　(D)遠端登錄服務

( )14. 下列何者為電腦網路用來表示資料傳輸速度的單位？

(A)ppi

(B)bps

(C)dpi

(D)ppm

( )15. LAN 是那一種網路的簡稱？

(A)廣域網路

(B)網際網路

(C)區域網路

(D)全球資訊網

( )16. 一般校園網路的頻寬大都有 T1（1.544 Mbps）以上的資料傳輸速度，請問此頻寬可換算為多少 Kbps？

(A)1.544×2^{20} Kbps

(B)1.544×2^{10} Kbps

(C)1.544×2^{-10} Kbps

(D)1.544×2^{-20} Kbps

( )17. 瀏覽器開啟後所顯示的第一個網頁稱之為？

(A)瀏覽器首頁

(B)黃頁

(C)索引頁

(D)我的最愛

( )18. 在捷運站中，如果想要使用筆記型電腦上網查詢電影的播放場次，請問最不可能採取下列哪一種上網方式？

(A)Wi-Fi

(B)3.5G

(C)4G LTE

(D)ADSL

( )19. 下列哪一種網路科技，是運用網際網路中閒置的電腦資源，來加快各種大型研究計畫的推展速度？

(A)搜尋引擎

(B)網格運算

(C)雲端服務

(D)網路硬碟

( )20. 下列何者不是電腦網路的功能？

(A)檔案共享

(B)設備共享

(C)訊息傳遞與交換

(D)記憶體管理

答案

1.(B)　2.(A)　3.(C)　4.(D)　5.(A)　6.(A)　7.(B)　8.(D)　9.(D)　10.(D)

11.(A)　12.(C)　13.(C)　14.(B)　15.(C)　16.(B)　17.(A)　18.(D)　19.(B)　20.(D)

2-2　網路通訊協定及通用功能

一、通訊協定

（一）開放系統連結（Open System Interconnection）

是國際標準組織（ISO）制定的通訊協定，是電腦網路訊息傳遞交換的一種階層互動架構，是由 ISO（國際標準組織）所制定的一種電腦通訊的標準，分別將通訊協定定義在七層網路的架構上，因為在網路上會有各式各樣的系統，不同的系統要傳遞溝通不是一、兩個通訊協定就可以解決，所以就將各種協定以和硬體的緊密性區分成七個層次。

（二）OSI 的七層及 TCP/IP 的四層架構如下：

TCP/IP 協定	OSI 參考模式	各層名稱	簡介功能	相關技術及設備
應用層 Application Layer	七	應用層 Application	使用者應用程式的服務應用程式與網路之間的介面	HTTP、TELNET、FTP
	六	展示層（表達層）Presentation	處理資訊雙方使用者與電腦溝通上例如資料加密、壓縮、解壓縮資料結構的確認協調資料交換格式	加/解密 壓/解壓縮 ASCII/EBCDIC
	五	會議層（交談層）Session	建立兩個應用程式的對談管道，允許使用者使用簡單易記的名稱建立連線	DNS、單工/半雙工/全雙工
傳輸層 Transport	四	傳輸層 Transport	提供可靠的傳輸提供點對點的可靠連線，並確保封包能按照先後順序送達接收端	TCP、SPX、UDP 協定

TCP/IP 協定	OSI 參考模式	各層名稱	簡介功能	相關技術及設備
網際層 Internet	三	網路層 Network	決定最佳傳輸路徑透過大型互連網路將資料路由傳遞過去路徑選擇、流量控制、擁塞控制	IP 協定、路由器
網路層 Network	二	資料連結層 Data Link	提供實體網路間可靠、無誤的資料傳送及接收。主機與傳輸線之介面	網路卡，橋接器，交換式集線器
	一	實體層 Physical	定義電子機械特性 將資料轉換成位元訊號，傳入實際傳輸媒體信號傳送、節點連接	傳輸線，中繼器，集線器

ISO 的 OSI 七層架構

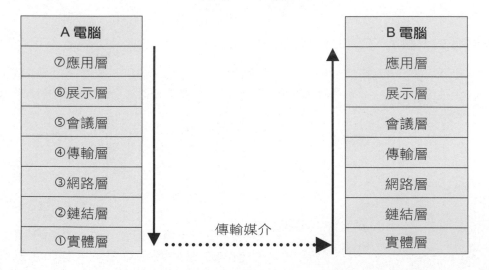

（三）IEEE 標準

區域網路的標準制定者為國際電機電子協會（簡稱 IEEE），而 IEEE 負責制定區域網路標準為「802 委會」制定下列網路標準：

標準	制訂的網路標準
802.1	實體層網路管理標準、高層介面、網路互連，例如 VLAN
802.2	邏輯鏈結控制標準（LLC）
802.3	Ethernet 乙太網路 Ethernet 及 CSMA 標準

標準	制訂的網路標準
802.4	Token Bus 權杖匯流排標準
802.5	Token Ring 權杖環網路標準
802.6	都會網路標準（簡稱：MAN）
802.7	寬頻區域網路標準
802.8	光纖網路標準
802.9	多媒體傳輸（Multimedia traffic）、語音／數據整合標準
802.10	網路安全標準
802.11	無線區域網路標準

（四）TCP/IP（Transmission Control Protocol/Internet Protocol）

這個協定在網際網路（Internet）幾乎已經成為一種標準協定，只要遵循 TCP/IP 的協定，便可在 Internet 上通行無阻，所以目前幾乎所有擁有網路能力的電腦系統，都會支援 TCP/IP 通訊協定。

1. 目前世界上各種不同廠牌電腦主機連接時的通訊標準是 TCP/IP
2. TCP/IP 是目前網際網路（INTERNET）普遍採用的通訊協定
3. 由 TCP 和 IP 兩個協定所組成的
   TCP（傳輸控制協定）：負責網際網路中封包的傳輸，屬於傳輸層
   IP（網際協定）：負責封包分割、重組及路徑的規劃，屬於網路層

二、網路定址（Internet Protocol address）

（一）IP 位址即 Internet Protocol Address

- IP address 則是每一個 Internet site（站台）所擁有的獨一無二位址。

- 通常此 IPV4 位址以 4 個位元組（32 位元）來表示，並分成四段，每段數字都是介於 0 到 255 之間的數字（一個位元組）。

  例：網址→203 . 70 . 66 . 25（正確）

  網址→303 . 38 . 49 . 1（錯誤，範圍為 0~255）

● 目前的 Ipv4 已經幾乎不敷使用以 16 個位元組（128 位元）來重新指定下一代的 IP 位址，於是 IPv6 允許有 2^{128} 位址，以解決 IP 的不足，而不必使用目前的動態配置或是 NAT 網路位址轉換的方式。

1 Byte 1 Byte 1 Byte 1 Byte

IPv4佔 4 Byte=32 bit ，故最多有2^{32}個IP
IPv6佔16 Byte=128 bit，故最多有2^{128}個IP

● IPv6 以 128 位元來表示，其位址表示方法是將它區分為 8 段，每段由 16 bits 組成，彼此以冒號（:）隔開。ex：1234:5E0D:309A:FFC6:24A0:0000:0ACD:729D

● IPv6 的特性：(1)提供更多的位址數量 (2)具有自動設定機制（因為電腦會由路由器取得 IPv6 位址，可將此功能視為 IP 版的隨插即用）(3)保密性更佳（因使用 IPSec 加密協定，不但能對傳送的資料內容加密，還能執行身份驗證的工作）(4)提升路由效率（因 IPv6 的封包標頭長度固定為 40 Bytes，因為路由器在處理 IPv6 的封包時可加快速率）

● 一個 IP（Internet Protocol 網際協定）的資料報（Datagram）格式有標頭（Header）和文字（Text）兩個部份。如下：

標頭（Header）			文字（Text）
存活時間 （Time to live）	協定 （Protocol）	查驗和 （Checksum）	

由上表可知：「查驗和」所查驗的是「標頭」在資料傳輸過程中的錯誤

（二）IP 位址包含網路部份和主機部分，依所容納的主機數量分為 A、B、C 三級

在 IP address 的四組數字當中，保留最後一個數字為 0 的給該網路的主機，而最後一位數字為 255 的則用來作為廣播（發出訊息給網路上所有電腦），所以每一個 Class 的網路當中，都有兩個位址不能使用。

CLASS A：第一位元組 0~127，可使用 1.x.x.x 到 126.x.x.x

0			

8 網路位元　　　　　　　　24 主機位元

但 Class A 有 0、10、127 三個特殊網域不能使用，所以 Class A 網路共有 $\underline{2^{(8-1)}\text{-}3\text{=}125}$ 通常這是大型電腦公司所擁有，每一個 Class A 的網路可用的 IP 位址為 $\underline{2^{24}\text{-}2}$，相當於 16,777,214。Class A 保留 127.0.0.1 用來進行迴路回測，主要是透過本身主機將訊息送回本身主機，以檢查主機的 TCP/IP 設定是否正確。而 10.0.0.0 是保留給 INTRANET（企業間網路）做 IP 位址設定。綜上可知，Class A 網路位址共可提供 $125*(2^{24}\text{-}2)$ 個 IP 位址。

CLASS B：第一位元組 128～191，可使用 128.1.x.x 到 191.254.x.x

16 網路位元　　　　16 主機位元

而 Class B 網路共有 $\underline{2^{(16-2)}\text{-}2\text{=}16,382}$ 個，通常這些給予國際組織或是網路公司，Class B 網路可使用的 IP 位址為 $\underline{2^{16}\text{-}2}$，相當於 65,534。綜上可知，Class B 網路位址共可提供 $16382*(2^{16}\text{-}2)$ 個 IP 位址。

CLASS C　第一位元組 192～223，可使用 192.0.1.x 到 223.255.254.x

24 網路位元　　　　8 主機位元

數量最多的 Class C 網路共有 $\underline{2^{(24-3)}\text{-}2\text{=}2,097,150}$ 個，則提供給一般公司或是個人申請，一般的 Class C 網路則可以使用 $\underline{2^{8}\text{-}2}$，相當於 254 個位址。綜上可知，Class C 網路位址共可提供 2097150*254 個 IP 位址。

（三）網路指令

- 在 MS-DOS、Windows2000、XP 中可使用 Ipconfig 指令來檢查電腦網路卡的 IP 位址設定及組態。

- 進入 MS-DOS 模式，下達 Ping 之後接 IP address，則可檢查電腦是否可以連線到指定的主機，例如『PING 61.70.53.93』，會送出 32Bytes 的測試資料並等待回應。

lpconfig：查詢 IP 組態	telnet：遠端登錄

``
C:\>IPCONFIG
 	
Windows IP Configuration
 	
Ethernet adapter 區域連線:
 	
        Connection-specific DNS Suffix . :
        IP Address. . . . . : 192.168.1.232
        Subnet Mask . . . . : 255.255.255.0
        Default Gateway . . . . : 192.168.1.254
``
	☆ 中山大學-美麗之島BBS ☆
	==
	== ***** 中華民國國立中山大學電算中心 *****
	== *********** 美麗之島電子佈告欄系統 ***********
	== *************** BBS.NSYSU.EDU.TW ***************
	==
	==
	== FORMOSA
	==
	==

Ping 連通測試，送出 32Bytes 資料測試其速度	route：查看路由繞徑情況

``
C:\>ping tw.yahoo.com
 	
Pinging vip1.tw.tpe.yahoo.com [202.43.195.52] with 32 bytes of data:
 	
Reply from 202.43.195.52: bytes=32 time=55ms TTL=54
Reply from 202.43.195.52: bytes=32 time=55ms TTL=54
Reply from 202.43.195.52: bytes=32 time=56ms TTL=54
Reply from 202.43.195.52: bytes=32 time=59ms TTL=54
 	
Ping statistics for 202.43.195.52:
    Packets: Sent = 4, Received = 4, Lost = 0 (0% loss),
Approximate round trip times in milli-seconds:
    Minimum = 55ms, Maximum = 59ms, Average = 56ms
``
	``
	C:\>route print
	==
	Interface List
	0x1 .... MS TCP Loopback inter
	0x10003 ...00 0c 6e 26 d8 4b ...... SiS 900-Based PCI
	cket Scheduler Miniport
	==
	Active Routes:
	Network Destination Netmask Gateway
	        0.0.0.0 0.0.0.0 192.168.1.254
	      127.0.0.0 255.0.0.0 127.0.0.1
	    192.168.1.0 255.255.255.0 192.168.1.232
	``

（四）網路遮罩（Network Mask）

1. 網路遮罩（Netmask）用來進行網域辨識某主機的 IP 位址是屬於哪一個網域，是 Network Mask 的簡寫，代表在 IP 網路位址當中，用來代表網路規模的一個 4 位元組（32 位元）的數字，通常以 4 個 10 進位數字來表示，例如 255.255.0.0。而遮罩是要遮掉 IP 位址中代表網域部份的位元。當主機 A 要傳送資料給主機 B 時，若 A、B 兩主機是在同一個網域，則可以直接通訊；若不是在同一個網域，則主機 A 必須先找到主機 B 的網域後，才能順利將資料送到，因此資料在傳送前先判斷兩部主機是否在同一網域再做進一步的處理。

2. IP 網路當中，網路可以分為 A、B、C 三個等級：

   ● A 級網路遮罩為 255.0.0.0　即 11111111.00000000.00000000.00000000

   ● B 級網路遮罩為 255.255.0.0　即 11111111.11111111.00000000.00000000

   ● C 級網路遮罩為 255.255.255.0　即 11111111.11111111.11111111.00000000

   IP 位址要判斷網域是以二進位表示 IP 位址與網路遮罩進行 AND 邏輯運算即可得到所屬的網域位址。舉例說明：若在一個 Class B 的網域中，判斷兩台主機 IP 位址為 140.12.20.15 與 140.12.31.64 是否在同一個網域中？

1 先將 140.12.20.15 轉二進位=10001100.00001100.00010100.00001111

140.12.31.64 轉二進位=10001100.00001100.00011111.01000000

2 Class B 的網路遮罩為 255.255.0.0 即 11111111.11111111.00000000.00000000

3 IP 位址與網路遮罩進行 AND 邏輯運算

```
       10001100.00001100.00010100.00001111              10001100.00001100.00011111.01000000
  AND  11111111.11111111.00000000.00000000         AND  11111111.11111111.00000000.00000000
       10001100.00001100.00000000.00000000.             10001100.00001100.00000000.00000000.
       140.     12.      0.       0                      140.     12.      0.       0
```

結果二個運算相同，所以此兩個 IP 位址是在同一個網域中

將一個網路再細分為數個較小的網路稱為子網路（Subnet），通常是向主機位元借位成子網路位元，如此一來子網路遮罩可能不是 A、B、C 等級。因此規劃子網路之 IP 位址包含三部分：

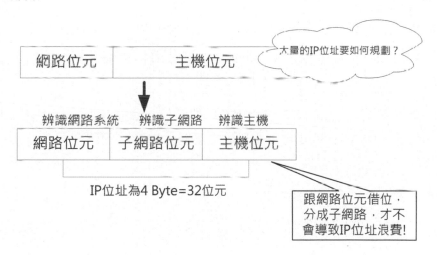

舉例說明：若在一個 Class B 位址為 140.12.0.0 的網域中，向主機位元借 3 個位元用以分割子網路之情形？

```
      140   .   12   .     0     .     0
   10001100 . 00001100 . 00000000 . 00000000   →主機位元共 16 個位元
```

網路位元	子網路位元	主機位元

```
   10001100 . 00001100 . xxx    00000 . 00000000   →借 3 位後剩 13 個位元
```

3 個位元共可分 2^3=8 個子網路，但通常 000 與 111 前後不可用，故剩下 001,010,011,100,101,110 六個

三、網路應用

（一）全球資訊網（World Wide Web，WWW；W3）

$$http://www.certiport.com.tw$$

協定名稱　符號　主機名稱　機構名稱　單位名稱　國別代碼

1. 網際網路（Internet）其規模屬於廣域網路（WAN），在網際網路上所流行的 WWW 是遵循 HTTP（Hyper Text Transfer Protocol）超本文傳輸協定。http 定義 WWW 伺服器和使用者之間的資料通訊協定，使得包含文字、圖片、動畫、音效，視訊等超媒體模式的文件透過網路傳輸到使用者的瀏覽器。主要的特性是擁有跨平台的標準，因此在不同電腦系統當中存放的資料，都可以經由 Internet 來達到互連的目的。

2. HTTPS 超文字傳輸安全協定（Hypertext Transfer Protocol Secure）

   ● 常稱為 HTTP over TLS，HTTP over SSL 或 HTTP Secure 是一種網路安全傳輸協議。

   ● 在計算機網路上，HTTPS 經由超文字傳輸協定進行通訊，但利用 SSL/TLS 來加密封包。HTTPS 開發的主要目的，是提供對網路伺服器的身分認證，保護交換資料的隱私與完整性。

3. ICANN 定義的通用網域名稱類別

分類	舉例	國碼
gov（政府機構）	http://www.president.gov.tw（中華民國總統府）	tw（台灣）
org（組織、基金會）	http://www.tzuchi.org.tw（慈濟功德會）	cn（中國）
edu（教育機構）	http://www.tcte.edu.tw（技測中心）	hk（香港）
com（商業機構）	http://www.yahoo.com.tw（奇摩搜尋引擎）	jp（日本）
mil（國防軍事單位）	http://www.defenselink.mil（美國國防部）	uk（英國） ca（加拿大）
net（網路機構）	http://www.hinet.net（中華電信）	省略（美國）
idv（個人網站）	http://whc.idv.st（王豪教學網）	

（二）電子佈告欄（Bulletin Board System，BBS）

1. 目前泛指一個無人的電腦系統，這個電腦系統可以由外界透過電話網路溝通，藉以存取該電腦系統上面的檔案，或是和不同地方的使用者交談，這類系統大大的增加了電腦資訊的流通性，其架設的資本低，但是資訊的流通能力強。

2. 使用者透過網際網路，用 Telnet 遠端登錄程式和 BBS 連線，國內較著名的學術 BBS 站台例如**批踢踢實業坊 ptt.cc**。

3. 由於圖形介面的 HTML 網頁越來越流行，所以以純文字設計的 BBS 站大多已經升級為全圖形化的 WWW 網站了，不過為了要和全世界許多仍然只有文字模式的終端機溝通，BBS 站仍然有它存在的必要。

（三）檔案傳輸協定（File Transfer Protocol，FTP）

1. FTP 來取得檔案之前，必須先登錄到檔案所在的主機上，此時可以使用匿名（anonymous）的方式。

2. 這種協定大多用於 UNIX、Windows 和 OS/2 等作業系統，在網際網路當中，檔案伺服器（FTP server）有時候也簡稱為 FTP 或是 FTP site。

3. 國內的 FTP server 站台是屬於學術單位的，例如教育部 ftp.edu.tw，當中提供了許多免費的共享軟體和公用程式，可從各個 FTP server 下載（download）程式需要 FTP 客戶端軟體，而像個人網頁要上傳（upload）也要透過此軟體，例如 CuteFTP。

（四）檔案搜尋即檔案索引（Archie）

1. 知道軟體檔名卻不知道要去那下載！若要找尋某個檔案放在哪一台主機上，則可以使用 Archie 來找尋。Ex：利用 http://archie.ncu.edu.tw 中央大學 Archie 檔案搜尋、國立中山大學檔案搜尋系統查出那裡可以下載。

（五）遠端登入即模擬終端機（Telnet）

1. Telnet 為 Terminal Emulation 的縮寫，在 UNIX 系統中的一個指令，可讓電腦能夠連接遠端電腦系統，而成為該系統的一部終端機使用，所以稱為終端機模擬程式。

2. Telnet 已經廣泛的衍生為在 Internet 中，需要進入其它遠端系統（例如 BBS 站）所必須執行的一個程式，必須提供給 Telnet 程式所要連接的主機名稱或 IP 位址，例如：telnet bbs.nsysu.edu.tw 或 telnet 140.117.11.2 即連接中山大學 Formosa BBS 站。

3. 在登入後必須輸入使用者帳號與密碼，否則只能使用訪客即 guest 的名義進入。

（六）網路常用名詞解釋

名詞	解釋
XML	可延伸標記式語言
ISP	提供網際網路服務公司
瀏覽器快取記憶體	儲存一些資料有助於提升載入網站的速度提供
HTML	超文字標示語言用於定義網頁結構語言
HTTP	超文字傳輸協定，用於全球資訊網 WWW
Cookie	用來追蹤用戶在網路的活動
CSS	描述網頁的外觀、格式

題型1

那種通訊協定能確保在網上傳送的資料受到保密？

(1) TCP/IP
(2) HTTPS
(3) HTTP
(4) FTP

本題答案 2

題型2

負責管理學生、教師和管理員之間的互動系統叫什麼？

(1) 公開招生
(2) 大規模開放線上課堂
(3) 內容管理系統
(4) 學習管理系統

本題答案 4

題型3

什麼是雲端硬碟？

(1) 以無線連接的伺服器，用來儲存資料

(2) 由私人公司代管的網上儲存服務

(3) 由網路上儲存資訊和程式的伺服器

(4) 網際網路的一部份，只能以個人電腦進入

本題答案 3

題型4

網際網路是什麼類型的網路？

(1) 廣域網路（WAN）

(2) 無線網路（WN）

(3) 區域網（LAN）

(4) 虛擬區域網（VAN）

本題答案 1

題型5

以下那兩句關於網頁瀏覽器的句子是正確的？（選擇兩項）

(1) 網頁瀏覽器是一個搜尋引擎

(2) 網頁瀏覽器是一種能檢索和顯示全球資訊網上的資料的軟體

(3) 網頁瀏覽器管理連接網際網路的頻寬和速度

(4) 網頁瀏覽器使用 URL 位址以識別資料，如網頁、圖片及影片

(5) 網頁瀏覽器就是網際網路

本題答案 2,4

題型6

你買了一部新的手機，需要轉移聯絡人資料。以下那兩種是最佳的方法？（選擇兩項）

(1) 使用雲端碟碟的同步功能

(2) 在手機上輸入聯絡人資料

(3) 傳送電郵到手機

(4) 從電郵帳戶匯入

本題答案 1,4

( )1. 您想建立讓使用者開啟電腦就可以自動完成網路設定，包括設定 IP、子網路遮罩（subnet mask）、閘道器 IP 及 DNS，以下何種服務符合前述需求？

    (A)SMTP   (B)DHCP

    (C)SNMP   (D)ARP

( )2. 在 OSI 通訊協定中，提供電子郵遞服務的是以下哪一層？

    (A)應用層   (B)網路層

    (C)實體層   (D)表達層

( )3. 在 OSI 七層架構中，哪一層負責協調及建立傳輸雙方的連線？

    (A)應用層   (B)表達層

    (C)會議層   (D)傳輸層

( )4. 電子郵件的傳輸協定 SMTP、POP3、IMAP，是屬於下列哪一層的傳輸協定？

    (A)應用層   (B)傳輸層

    (C)網路層   (D)鏈結層

( )5. 在 OSI 參考模型（Open System Interconnection Reference Model）的七層架構中，下列哪一層主要負責規範各項網路服務的使用者介面？

    (A)應用層   (B)會議層

    (C)網路層   (D)傳輸層

( )6. 用來強化傳輸訊號的中繼器，其功能可對應至 OSI 七層架構中的哪一層？

    (A)實體層   (B)資料鏈結層

    (C)網路層   (D)傳輸層

( )7. 某家網路咖啡店宣稱只要顧客來店消費，並攜帶配有無線網路卡的筆記型電腦，即可享受無線上網的服務，請問此家咖啡店的無線區域網路最可能採用下列哪一種通訊協定？

    (A)Wi-Fi   (B)RFID

    (C)Bluetooth   (D)HTTP

( )8. 下列有關 TCP/IP 的敘述，何者正確？

(A)IP 主要工作是確保資料正確送達接收端，負責循序編碼和檢查錯誤

(B)TCP 負責定義封包的格式、辨識目的地、路徑選擇、傳遞封包

(C)TCP 是對應於 OSI 七層網路通訊協定中的傳輸層（Transport Layer）協定

(D)IP 是對應於 OSI 七層網路通訊協定中的資料連結層（Data Link Layer）協定

( )9. 假設一個用戶打開電腦，啟動瀏覽器（browser），輸入 http://www.moex.gov. tw，並點擊 ENTER 鍵。以下那項協議（protocol）在這次要求（request）中可能不會使用？

(A)HTTP (B)SMTP

(C)UDP (D)IP

( )10. 在 OSI（Open System Interconnection）的網路架構中，哪一層提供資料加密、壓縮的服務？

(A)實體層（Physical layer） (B)資料鏈結層（Data link layer）

(C)會談層（Session layer） (D)表達層（Presentation layer）

( )11. 目前市面上銷售的無線傳輸產品（例如無線網路卡、無線橋接器）大多採用下列哪一種通訊協定？

(A)IEEE 802.3 (B)IEEE 802.5

(C)IEEE 802.6 (D)IEEE 802.11x

( )12. 小王新買的 Mac book 筆電上，有如下圖所示的標誌，請問這個標誌代表此筆電最可能支援下列哪一項通訊協定？

(A)IEEE 802.16 (B)Bluetooth

(C)IEEE 802.11n (D)RFID

( )13. 有關網際網路通訊協定的敘述，下列何者不正確？

(A)IP 為 Internet 的網路層通訊協定

(B)POP3 為電子郵件外送的通訊協定

(C)HTTP 為 WWW 的通訊協定

(D)TELNET 為遠端登錄的通訊協定

( )14. 下列有關 Wi-Fi、WiMAX、藍牙、RFID 的敘述，何者不正確？

(A)Wi-Fi 的傳輸距離較 WiMAX 的傳輸距離短

(B)WiMAX 的傳輸距離最高可達 50 公尺

(C)藍牙主要應用在短距離傳輸

(D)RFID 常應用在商品存貨管理、門禁管制等方面

( )15. 網址 "http://www.jma.co.jp/" 中哪一段代表國家或地理區域？

(A)www   (B)india

(C)co   (D)jp

( )16. 設定您電腦的 TCP/IP 參數時輸入之 255.255.255.0，其作用是？

(A)自我迴路測試   (B)廣播信號

(C)網路遮罩   (D)通訊閘位址

( )17. 目前 IP 位址屬於第四版，一般稱為 IPv4 位址，由 32 位元構成，下一代的 IP 位址一般稱為 IPv6，請問 IPv6 位址是由多少位元構成？

(A)64 位元   (B)8 位元

(C)32 位元   (D)128 位元

( )18. IP 位址 224.11.11.11 是屬於下列何種網路等級？

(A)Class C   (B)Class D

(C)Class A   (D)Class B

( )19. 當 IP 位址的主機位址為 0 時，如 213.72.25.0，代表何種意義？

(A)不可使用的 IP 位址

(B)對該 IP 位址所在的網路進行廣播

(C)代表 213.72.25 整個網路

(D)私有 IP 位址

( )20. 下列 IP 位址的寫法，何者正確？

(A)168.95.1.313   (B)207.46.256.26

(C)140.222.0.10   (D)140.333.11.6

答案

1.(B)	2.(A)	3.(C)	4.(A)	5.(A)	6.(A)	7.(A)	8.(C)	9.(B)	10.(D)
11.(D)	12.(C)	13.(B)	14.(B)	15.(D)	16.(C)	17.(D)	18.(B)	19.(C)	20.(C)

客戶電子郵件

一、電子郵件（E-MAIL）

1. SMTP（簡易信件傳輸協定，寄件伺服器）：是 Internet 相當重要的電子郵遞之標準，它負責信件的發送、收信、轉送、以及信件的管理（如信件的儲存）之功能。郵件主機與主機之間的通訊標準

2. MIME（Multipurpose Internet Mail Extensions）：透過 SMTP 傳送非文字格式電子郵件訊息附件（attachment）的標準。大部份專屬的郵件系統必須對透過 SMTP 閘道（gateway）所接收的 MIME 附件進行轉換。

3. 何謂 S/MIME（Secure MIME）：一個公開鍵（public-key）加密（encryption）的通訊協定，用來安全地傳送 MIME 附件。

4. POP3、IMAP（收信通訊協定，收件伺服器）

5. E-mail 正確格式：

   - 主要分為收件人帳號、收件人地址，兩者以@作為區隔。

   - 多位收件人地址中以「,」或「;」區隔。

   - 網路上每個電子郵件地址都是具唯一性的。

   - 若轉寄信時，前方會出現 Fw:

   - 若回覆信件時，前方會出現 Re:，當你確定所有的收件者都需要得到所傳送的資料適合在電郵內[回覆所有人]

   - 若要插入附加檔案，信件會出現廻紋針

   - 若是要優先信件，會出現！

   - 密件副本：同時傳送一封電郵給多位收件人，但隱藏收件人的電子郵件住址和姓名收件人，收件人無法得知其他副本收件人有誰

   - 簽名檔：事先建立好，可直接加於信件末端

● 若利用超連結，則協定為 mailto:帳號@郵件伺服器

littlehao　　　@　　　ms47.hinet.net

郵件帳號　　　　符號　　　　　　電子郵件伺服器（主機名稱）

（收件人）　　　表 AT　　　　　　（收信地址）

6. Outlook 電子信件的基本架構

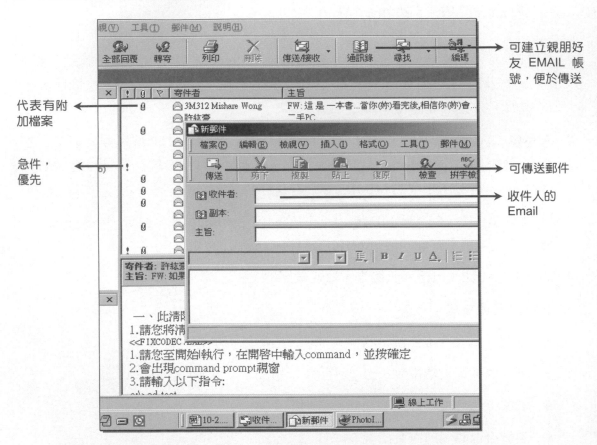

可建立親朋好
友 EMAIL 帳
號，便於傳送

代表有附
加檔案

急件，
優先

可傳送郵件

收件人的
Email

7. Email 線上直接處理與離線處理之比較

線上直接處理（web mail）	桌面電郵應用程式（離線處理）
Google 的 Gmail 功能	Outlook Express
■ 必須利用 ISP 所提供的線上閱覽郵件的功能。 ■ 即 Web-Based 的線上郵件閱覽器，讓使用者可以即時透過網頁瀏覽的模式，處理自己帳號內的電子郵件。 ■ 利用 web-mail 看信件防止含有病毒的信件入侵到自己的電腦。	■ 郵件閱覽器須支援 POP3 的傳輸協定才可把郵件伺服器上的郵件下載到電腦。 ■ 可同時管理多個帳戶，若要備分信件在自己的電腦，則必須使用 pop3 的離線郵件閱覽器，下載信件儲存。 ■ 易遭病毒入侵自己的電腦。

二、Google GMAIL 介紹

1 如何撰寫新信？

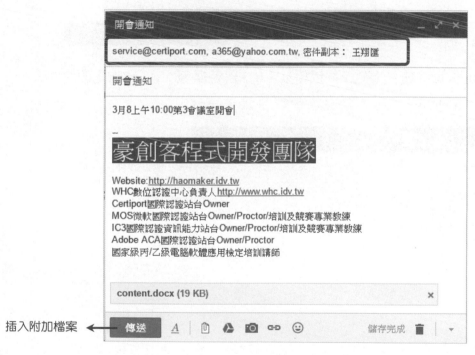

插入附加檔案 ←

2 寄件備份中轉寄或回覆信件。

3 在「Google 雲端硬碟」上傳及發送檔案「IC3 研習簡報.zip」給指定的收件人 (a3605@yahoo.com)。

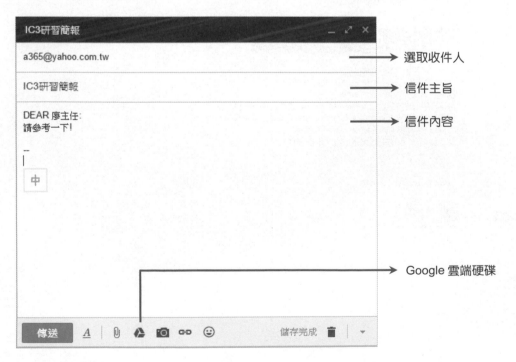

選取 IC3 研習
簡報.zip
按插入

出現雲端硬碟檔案

按傳送

4 把王豪電腦 WHC 寄來主旨為「IC3 研習」的電子郵件移動到「研習」文件夾。

按一下信件

按一下移至:研習

出現下面訊息

5　把這封草稿一併傳送至 a3605@gmail.com，但不要讓其他件人看到他的電郵地址。

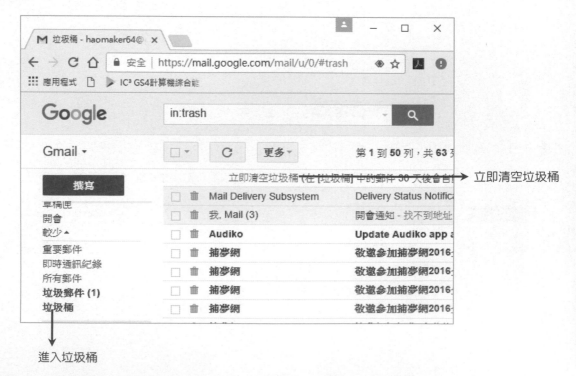

用密件副本

6　刪除「垃圾桶」中的所有項目。

立即清空垃圾桶

進入垃圾桶

三、YAHOO MAIL 介紹

1 登入信箱首頁。

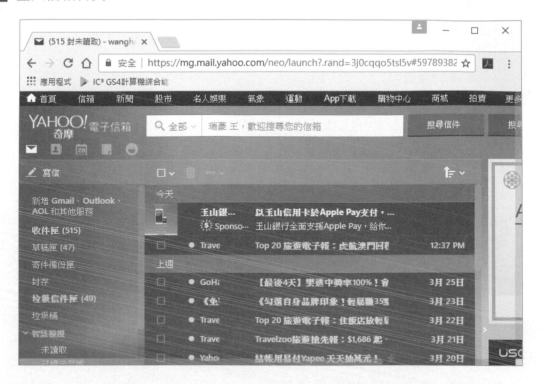

2 通訊錄：可以搜尋聯絡人、建立聯絡人群組、合併重複的聯絡人。

以下那一種特點在郵件聯絡人管理器內不可用？

(1) 搜尋聯絡人

(2) 驗證所有聯繫人資料都已更新

(3) 聯絡人群組

(4) 合併重覆的聯絡人

本題答案 2

傳送電子郵件時，使用密件副本（BCC）的主要目的是什麼？

(1) 傳送電郵時，收件人不能看到誰是寄件人

(2) 同時傳送一封電郵給多位收件人，讓他們能回覆所有人

(3) 傳送電郵時，寄件人身份能受到保密

(4) 同時傳送一封電郵給多位收件人，但隱藏收件人的電子郵件住址和姓名

本題答案 4

什麼時候適合在電郵內[回覆所有人]？

(1) 當你要展示你在工作上的投入度時

(2) 每一次都要，因為所有收件者都在原本的電郵內

(3) 永不，因為你不願意濫發電子郵件

(4) 當你確定所有的收件者都需要得到所傳送的資料

(5) 當你認識所有的收件者時

本題答案 4

以下那兩種為使用桌面電郵應用程式的好處？（選擇兩項）

(1) 能夠從任何桌面電腦進入電郵帳戶

(2) 能夠在同一個應用程式內管理數個電郵帳戶

(3) 收件匣在離線時仍能獲得更新

(4) 能下載及離線查看電子郵件

本題答案 2,4

題型5

以下那兩個原因，能合理解釋為何你應分開你的私人和專業電郵帳戶？（選擇兩項）

(1) 專業電郵服務比私人電郵服務快

(2) 以公司電郵帳戶傳送履曆表能肯定你的專業身份

(3) 與公司有關的電郵作商業用途，不適合以私人身份回應

(4) 使用私人電郵作商業用途，會洩漏過多個人資料

(本題答案) 3,4

題型6

你能在以下那兩個網站取得電郵帳戶？（選擇兩項）

(1) Yahoo

(2) Twitter

(3) Instagram

(4) Google

(本題答案) 1,4

課後評量

( )1. 請問下列有關網路電子信箱（web mail）的敘述，何者錯誤？

(A)須連上網際網路才能收發郵件

(B)信箱的空間由網路業者來決定

(C)收發的郵件會自動儲存在使用者電腦中，以便於管理與保存

(D)『Yahoo!奇摩』網站提供有網路電子信箱的服務

( )2. 下列有關電子郵件的敘述何者不正確？

(A)電子郵件不可以沒有郵件內容

(B)電子郵件可以同時送給許多人

(C)電子郵件位址中不可以沒有@的符號

(D)電子郵件軟體可以隨時收送電子郵件

( )3. 在使用 Google 的電子信箱時，當我們收到的郵件前方顯示迴紋針符號 𝕌，表示此郵件：

(A)要求讀取回條　　　　　　　　　(B)屬於密件副本

(C)具有高優先順序　　　　　　　　(D)含附加檔案

( )4. 下列有關電子郵件的敘述，何者有誤？

(A)接收到的信件中，不會顯示密件副本的收件者資料

(B)通訊錄可用來記錄連絡人的電子郵件地址

(C)電子郵件地址中的 "@" 符號，唸為 at

(D)附加檔案僅能夾帶圖片檔

( )5. 阿義的電子郵件地址為：a_yi@nfu.edu.tw，試問 a_yi 代表意義為何？

(A)阿義的帳號　　　　　　　　　　(B)阿義的姓名

(C)阿義的密碼　　　　　　　　　　(D)電子郵件的伺服器

( )6. 阿豪在使用 web mail 時，常收到企業寄送的廣告文宣，感到十分困擾，請問這類非收件者期望收到的郵件，俗稱為？

(A)垃圾郵件　　　　　　　　　　　(B)惡意郵件

(C)釣魚郵件　　　　　　　　　　　(D)病毒郵件

（　）7.　在設定電子郵件的那一項功能時，可能會選用 POP3（郵局通訊協定第三版）？

(A)收信 (B)寄信

(C)通訊錄 (D)郵件規則

（　）8.　下列對電子郵件（E-mail）的敘述何者有誤？

(A)電子郵件帳號格式為：帳號&伺服器主機網址

(B)可同時寄一信給多人

(C)可在信中加入附加檔案

(D)利用 SMTP 外寄主機寄信

（　）9.　電子郵件地址（Email Address）如何組成？

(A)郵件伺服器名稱@使用者名稱

(B)使用者名稱@郵件伺服器名稱

(C)使用者名稱#郵件伺服器名稱

(D)郵件伺服器名稱#使用者名稱

（　）10.　電子郵件帳號中用來區分「帳號」與「郵件主機」的符號為：

(A)% (B)&

(C)// (D)@

（　）11.　下列那一個不可能是 EMAIL（電子郵件）帳號？

(A)gotop@yahoo.com (B)B123$ms12.hinet.net

(C)889@certiport.com (D)apple123@mail.apple.com

（　）12.　在網路上傳輸資料，下列通訊協定，何者可傳送電子郵件？

(A)HTTP (B)NetBEUI

(C)SMTP (D)SNMP

（　）13.　收發電子郵件時，負責郵件收取的是＿＿＿(1)＿＿＿伺服器，負責郵件發送的是
＿＿＿(2)＿＿＿伺服器。請問空格(1)、(2)應分別填入：

(A)HTTP、FTP (B)FTP、SMTP

(C)SMTP、POP3 (D)POP3、SMTP

（　）14.　若電子郵件地址為 cat@msa.hinet.net，則下列敘述何者正確？

(A)IP 位址為 cat.msa.hinet.net (B)郵件伺服器為 msa.hinet.net

(C)使用者的帳號為 cat@msa (D)使用者名稱為 msa.hinet.net

2

網路應用生活

(　)15. 關於電子郵件（Email）的敘述，下列何者錯誤？

(A)郵件一經寄出，即使郵件伺服器有問題，也不會被退信

(B)可以一次將一封郵件同時發送給多個收件者

(C)寄件伺服器可以是任一部郵件伺服器，收件伺服器必須是郵件帳戶所屬的伺服器

(D)寄送郵件是指將郵件寄至收件者所屬的伺服器而非電腦中

(　)16. 下列何者是使用網路電子信箱（web mail）收發郵件的特色？

(A)必須透過電子郵件軟體才能寄送郵件

(B)收到的郵件是存放在電腦的硬碟中，易於郵件的管理與保存

(C)郵件可離線閱讀

(D)只要連上提供網路電子信箱的網站，登入帳號及密碼即可收取郵件

(　)17. 阿豪發現收到的多封電子郵件中，有一封郵件的收件者未顯示自己的電子郵件地址，請問這是因為下列何種原因所引起的結果？

(A)該郵件含有附加檔案

(B)該郵件沒有主旨

(C)對方將她的電子郵件地址輸入在「密件副本」欄

(D)該郵件為轉寄信件

(　)18. 若某同學的電子郵件位址為 cat@ms26.hinet.net，則下列何者為提供服務的郵件伺服器位址？

(A)cat   (B)hinet

(C)ms26   (D)ms26.hinet.net

(　)19. 下列哪一個網站，提供有網路電子信箱的服務？

(A)YouTube   (B)Yahoo!奇摩

(C)Online Converter   (D)維基百科

(　)20. 寄電子郵件時，必須要有接受方的：

(A)姓名   (B)郵件位址

(C)密碼   (D)同意

答案

1.(C)　2.(A)　3.(D)　4.(D)　5.(A)　6.(A)　7.(A)　8.(A)　9.(B)　10.(D)

11.(B)　12.(C)　13.(D)　14.(B)　15.(A)　16.(D)　17.(C)　18.(D)　19.(B)　20.(B)

2-4 網路行事曆及日曆安排

一、Google Calendar 介紹

按此鈕

1. Google 日曆（Google Calendar）是一款由 Google 提供的免費聯絡人管理、時間管理的網頁應用程式。Google 日曆允許使用者使用網路日曆同步他們的 Gmail 聯絡人。Google 日曆於 2006 年 4 月 13 日開放使用，為了使用此軟體，使用者不需擁有 Gmail 帳戶，而是需要免費的 Google 帳戶。

2. 特性

   ● Ajax 介面

   ● 資料線上儲存

   ● 用戶可建立多個日曆

   ● 多種視圖：日視圖，周視圖，月視圖，任務列表視圖，自訂視圖

   ● 共享日曆給他人

   ● 郵件／簡訊提醒

練習》新增行事曆。

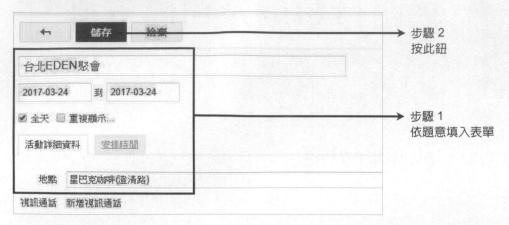

步驟 2
按此鈕

步驟 1
依題意填入表單

步驟 3
出現約會

練習》 傳送一封電子郵件邀請函給 a3605@gmail.com，邀請他出席明天名為「IC3GS5 南區研習」的活動。

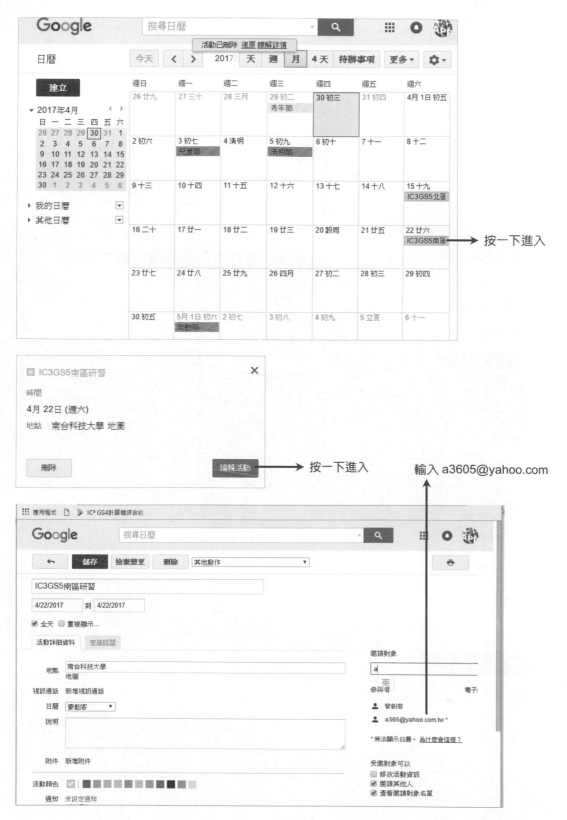

按一下進入

按一下進入

輸入 a3605@yahoo.com

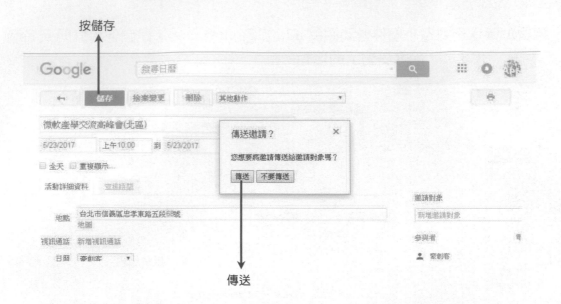

按儲存

傳送

練習》建立新標籤**會議**，設定只有未讀取郵件才會在標籤清單中出現。

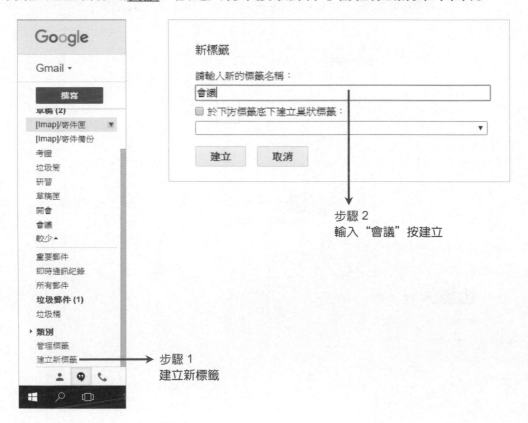

步驟 1
建立新標籤

步驟 2
輸入 "會議" 按建立

步驟 3 進入管理標籤

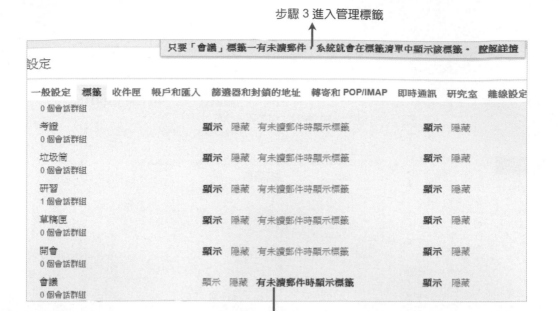

步驟 4 未讀取郵件時顯示標籤

📑 **練習》** 在 *Haomaker64* 的日曆建立一個名為 **IC3 南區研習** 的活動，把活動設定
　　　　 為明天，從上午九時到下午四時三十分。

步驟 1
到日曆中按建立

步驟 3
按一下儲存

步驟 2
輸入活動名稱及時間，按儲存

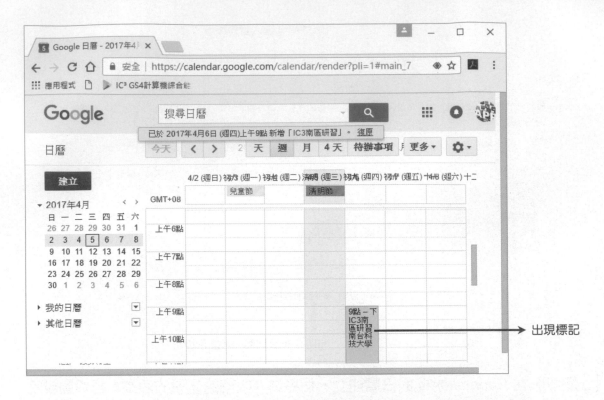

出現標記

練習》 與 a3605@gmail.com 共用日曆 *Haomaker64*。設定他的權限,讓他只能查看有空/忙碌資訊(無詳細資料)。

步驟 1
我的日曆

步驟 2
設定

步驟 3
共用此日曆

步驟 4
輸入使用者

步驟 5
選取共用選項

在[Google 日曆]內，誰能編輯已建立的活動？

(1) 只有獲邀參加活動的人
(2) 只有獲得編輯活動權限的人
(3) 只有建立這個活動的人
(4) 任何共用這個日曆的人

本題答案 2

[Google 日曆]如何同時顯示多個日曆？

(1) 各個日曆在不同的視窗內
(2) 它把日曆內的活動合併成單一視窗
(3) 各個日曆在不同的分頁內
(4) 它把日曆並排

本題答案 2

如何使用[Google 日曆]同時顯示多個日曆？

(1) 你不能同時查看多個日曆
(2) 到日曆設定，選擇 "所有日曆"
(3) 在 "我的日曆" 和 "其他日曆" 點選所需之日曆

本題答案 3

2-5 社群媒體

一、社群網站

　　為一群擁有相同興趣與活動的人建立線上社群。這類服務往往是基於網際網路,為用戶提供各種聯繫、交流的互動通路,如電子郵件、即時通訊服務等。此類網站通常通過朋友,一傳十、十傳百地把網路展延開去,就像樹葉的脈絡,華語地區一般稱之為「社群網站」。多數社群網路會提供多種讓使用者互動起來的方式,可以為聊天、寄信、影音、檔案分享、部落格、新聞群組等。

　　社群網路為資訊的交流與分享提供了新的途徑。作為社群網路的網站一般會擁有數以百萬的登記用戶,使用該服務已成為了用戶們每天的生活。社群網路服務網站當前在世界上有許多,知名的包括 Google+、Myspace、Plurk、Twitter、Facebook 等。在中國大陸地區,社群網路服務為主的流行網站有 QQ 空間、百度貼吧、微博等。

二、社群網站介紹

名稱	簡介
1.Facebook	1. 網址:https://www.facebook.com 2. 開發日期:2004 年 1 月 4 日 3. 簡介:名稱來源是來自「花名冊」,主要發起人和創辦人是馬克·祖克柏。用戶可以建立自己個人的頁面,可以在上面放自己的相片及言論,用戶可以在文章下公開的留言,也可以私下的小視窗聊天。主要功能有塗鴉牆、讚、打卡、訊息、網頁社群遊戲、刊登廣告、建立粉絲團等,甚至提供使用者開發應用程式及遊戲給其他使用者使用
2. Instagram	1. 網址:https://www.instagram.com 2. 開發日期:2010 年 10 月 5 日 3. 簡介:Instagram 的名稱取自「及時」(英語:instant)與「電報」(英語:telegram)兩個單字的結合,雖然 Instagram 和 Facebook 風格類似,但 Instagram 是目前最受歡迎的照片分享社群,於 2012 年 4 月被 Facebook 收購。

名稱	簡介
3. Twitter	1. 網址：https://www.twitter.com. 2. 開發日期：2006 年 7 月 5 日 3. 簡介：Twitter（喞啾）它的定義是「很弱的脈衝訊號」與「小鳥的喞啾」，符合這個產品的大體設計思路。使用者可以在網上發布訊息，訊息被限制在 140 字以下，訊息可以公開，也可以指定特定人才可看到。只用者可以訂其他使用者，稱之為「跟進（Following）」，訂閱者通常被稱作「跟進者（Follower）」
4.Youtube	1. 網址：https://www.youtube.com. 2. 開發日期：2005 年 2 月 15 日 3. 簡介：是設立在美國的一個影片分享網站，讓使用者上傳、觀看及分享及評論影片。網站的口號為「Broadcast Yourself」（表現你自己）YouTube 由雅科夫‧拉皮茨基、查得‧賀利、台灣裔美國人陳士駿等人創立，Google 公司以 16.5 億美元收購了 YouTube，並把其當做一間子公司來經營。
5. SNAPCHAT	1. 網址：http://www.snapchat.com/. 2. 開發日期：2011 年 9 月 3. Snapchat 是一款由史丹佛大學學生開發的圖片分享軟體應用。利用該應用程式，用戶可以拍照、錄製影片、寫文字和圖畫，並發送到自己在該應用上的好友列表。這些照片及影片被稱為「快照」（"Snaps"）。 用戶在向好友發送「快照」時，可以設定一個限制好友訪問「快照」的時間，這些「快照」會徹底的從好友的設備上和 snapchat 上的伺服器刪除。
6.Linkedin	1. 網址：https://www.linkedin.com/uas/login 2. 開發日期：2003 年 5 月 5 日 3. 中文：領英，是一家商業客戶導向的社交網路服務網站。在 PayPal 被 eBay 公司收購之後，里德‧霍夫曼並為 LinkedIn 的 CEO。

三、網路論壇介紹

網路論壇，常簡稱為論壇，又稱討論區、討論版等，是種提供在線討論的程式，或由這些程式建立的以在線討論為主的網站。論壇是供人們作討論的地方。討論題材有很多，例如：娛樂、新聞、教育、旅遊、休閒等等。有些論壇設有多項討論題材，包羅萬有，有的則只專注討論某題材。在論壇中，很多使用者還會跟他人分享資源，例如：音樂、短片、圖片等。有些公司、機構又或是學校，都會設有論壇，供該會的成員作討論之用。

站長擁有論壇所有權,而論壇依討論主題分成不同版塊,各個版塊由版主管理,一些小型論壇的管理員或超級管理員由站長兼任。為了鼓勵會員發言,設有會員積分系統,頒發勳章。一般會員有個性頭像和個人簽名,而破壞論壇秩序的會員會遭到禁止發言、IP 封鎖或取消會員資格的處罰。有些論壇允許非會員發言,有的必須註冊會員才能發言。

著名論壇如中國大陸颱風論壇、搜狐論壇、新浪論壇、百度貼吧,台灣論壇、台灣城市論壇、建築城市論壇、巴哈姆特、批踢踢、卡提諾論壇、mobile01。

四、Twitter 操作

1 網址:https://twitter.com/?lang=zh-tw

2 Haomaker 正在更新他的 Twitter 個人資料，需要加入一幅圖片，把圖片庫內的相片新增到他的 Twitter 個人資料內。

3 撰寫新推文。

五、linkedin 介紹

1 網址：https://www.linkedin.com/uas/login

2 在 LinkedIn 內，把個人檔案的專業頭銜更新為：IC3 專業講師。

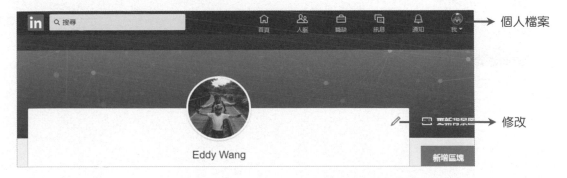

個人檔案

修改

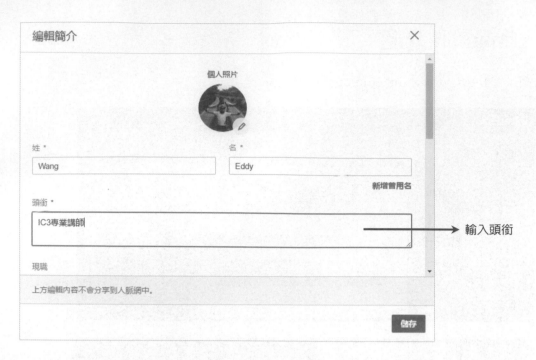

→ 輸入頭銜

3 在 LinkedIn 內建立公開檔案網址，以加進電郵簽名裡。公開檔案的網址
www.linkedin.com/in/eddy-wang

→ 我

→ 編輯公開
檔案

→ 公開檔案
網址

題型1

以下那一句關於網上專業身份的句子是正確的？

(1) 人們會在專業的社群媒體網站搜尋你過往的就業資料

(2) 你的業專身份並不會被你在 Facebook 所發佈的內容所影響

(3) 你不應在專業的社群媒體網站上載你的相片

(4) 你應該匿名使用社群媒體網站，以保護你的專業身份

本題答案 1

題型2

什麼是網路論壇？

(1) 一個為網頁內容達成共識或妥協而設的討論板

(2) 一個讓會員與家人和朋友聯繫及分享的社交平台

(3) 一個讓會員以文字作實時聊天的地方

(4) 一個以特定題材為中心的討論板，會員可以發佈和回覆訊息

本題答案 4

題型3

一旦帖子已經在網路爆紅，如何能夠停止內容繼續被轉發？

(1) 刪除帖子

(2) 確保帖子的真相不會被發現

(3) 由記者決定不再談論它

(4) 要求 Google 在其搜尋引擎上刪除

(5) 它不能被停止

本題答案 5

題型4

以下那一句關於個人及專業身份的句子正確的？

(1) 僱主希望員工在公司社群媒體帳戶發佈個人訊息

(2) 僱主很可能會查看應聘者的社群媒體帳戶

(3) 要分開一個人的私人和專業身份是不可能的事

(4) 員工應該合併他們的個人和專業身份

本題答案 2

題型5

你在網上發佈了一則帖子，後來想刪除它。你如何能確保已經從網際網路人刪除了它？

(1) 一旦帖子已被發佈，截圖或轉發都能讓它永遠保留在網路上
(2) 你可以聊絡網際網路，他們將會為你把帖子刪除
(3) 所有帖子都能隨時被刪除
(4) 你有一個小時的時間刪除帖子，之後它將永遠保留在網路上.

本題答案 1

題型6

你會在以下那個社群網路發佈一段三分鐘的影片，教授如何打領帶？

(1) Twitter
(2) YouTube
(3) Snapchat
(4) Instagram

本題答案 2

題型7

一個機構使用社群媒體網站，能獲得以下那兩個好處？（選擇兩項）

(1) 它能作為員工的知識庫
(2) 公司秘密可被安全的存儲
(3) 員工可以利用另一種媒介互相溝通
(4) 它提供另一種通訊方式，以接觸客戶
(5) 它提供的工具可用於解決硬件和網絡問題

本題答案 1,3

題型8

以下那三個原因，能解釋為何一家公司選擇建立內部社群媒體？（選擇三項）

(1) 發佈員工的個人資料能有助他們工作，但這類資料不適合公司
(2) 聊天平台或即時通訊軟體有助增強員工之間的合作關係
(3) 討論區允許在整家公司的員工隨時提出意見
(4) 允許公關人員監控公司的內部溝通
(5) 與客戶分享產品訊息

本題答案 1,2,3

2-6 通訊軟體應用/線上會議

一、即時通訊

1. 即時通訊（Instant Messaging，簡稱 IM）是一種透過網路進行實時通訊的系統，允許兩人或多人使用網路即時的傳遞文字訊息、檔案、語音與視訊交流。通常以網站、電腦軟體或行動應用程式的方式提供服務。

2. 在網際網路上受歡迎的即時通訊服務包含了 Windows Live Messenger、AOL Instant Messenger、skype、LINE、WhatsApp、Telegram、Yahoo! Messenger、.NET Messenger Service、Jabber、ICQ 與 QQ 等。這些服務的許多想法都來源於歷史更久的線上聊天協定-IRC。

3. 近年來，許多即時通訊服務開始提供視訊會議的功能，網路電話（VoIP），與網路會議服務開始整合為兼有影像會議與即時訊息的功能。於是，這些媒體的分別變的越來越模糊。僅視訊會議而言，人們也習慣性的稱之為網路視訊會議。

二、通訊軟體介紹

1. 即時通訊軟體簡介

服務	日期／來源	帳戶數
IRC	1988 年 8 月	IRC（Internet Relay Chat）「網際網路中繼聊天」）是一種通過網路的即時聊天方式。其主要用於群體聊天，但同樣也可以用於個人對個人的聊天。
QQ	1999 年 2 月 11 日	2 億同時在綫，8.08 億月活躍用戶（主要在中國）
ICQ	2006 年 7 月	1.5 千萬活躍
Yahoo! Messenger	2008 年 1 月 17 日	全球 2.48 億註冊用戶活躍 共 3.09 億，尖峰時段上線用戶數 1.6 億
Windows Live Messenger	2009 年 6 月	全世界 3.3 億用戶活躍
微信	2011 年 1 月	全球 3.55 億（主要在中國大陸）

服務	日期／來源	帳戶數
LINE	2011 年 6 月	1. LINE 於全球擁有超過 10 億人註冊使用 2. 是一個即時通訊軟體與行動應用程式。使用者間可以通過網際網路在不額外增加費用情況下與其他使用者傳送文字、圖片、動畫、語音和影片等多媒體資訊、進行語音/視訊通話）。
Google Hangouts	2013 年 5 月 15	是 Google 的即時通訊和影片聊天應用，支援 Android、iOS 以及 Chrome 多平台，並在 Gmail、Google＋中整合 Google Hangouts 網頁版。

2. Skype 下載及操作

1 網址：https://www.skype.com/zh-Hant/

2 要求新增 wj0103 為聯絡人。

輸入聯絡人

新增聯絡人

透過 您好 wj0103，我想將您新增到我的聯絡人名
單。

英

傳送　　　　　　　　→　傳送加入聯絡人
　　　　　　　　　　　　　請求

3 如何撥打電話給 <u>HAO</u>？

接電話

選取聯絡人

連線中　←　HAO (行動電話)
　　　　　　　連線中

4 撥打視訊電話並分享你的整個螢幕畫面。

步驟 1
按視訊電話

步驟 2
按右下角＋
分享螢幕畫面

三、線上會議

　　視訊會議又稱電視會議、電視電話會議，是一種為兩地或多地的用戶之間提供語音和畫面雙向實時傳送的視聽對談型會議。大型視訊會議系統在現代的軍事、政府、商貿、醫療等部門和行業領域有廣泛的應用。

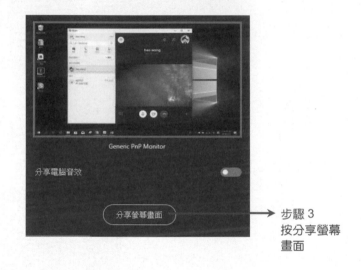

步驟 3
按分享螢幕
畫面

四、線上學習

1. **線上學習（Online Learning）**是一種透過網際網路工具來學習或訓練的方式。在企業內的線上學習是讓員工透過網際網路或企業內部網路的工具來進行遠距教學，由企業人力資源部門承辦教育訓練的單位將訓練課程及測驗題庫安裝於學習平台的資料庫內，員工經由職務需求或前測驗證程式後，選定課程內容，自行或強制指定學習進度，並於課程學習完成後進行測驗，學習平台會將學員的學習時間、成績及學習成果問卷、調查結果等資料都詳細的記錄下來，以作為企業日後調整與改善人力資源與教育訓練策略之參考依據。

2. **遠距教學（Distance education）**是指使用電視及網際網路等傳播媒體的教學模式，它突破了空間的界限，有別於傳統需要往校舍安坐於課室的教學模式。使用這種教學模式的學生，通常是業餘進修者。由於不需要到特定地點上課，因此可以隨時隨地上課。學生亦可以透過電視廣播、網際網路、輔導專線、課研社、面授（函授）等多種不同管道互助學習。

3. **大規模開放線上課堂（Massive Open Online Course/MOOC）**是一種針對於大眾人群的線上課堂，人們可以通過網路來學習線上課堂。MOOC 是遠端教育的最新發展，它是一種通過開放教育資源形式而發展來的。MOOC 起源於開放教育資源運動和學習連接主義的思潮。最近，大量 MOOC 類似的計劃已經獨立地浮出水面，例如 Coursera, Udacity, edX 和 Marginal Revolution University。開放共享（Open access）：MOOC 參與者不必是在校的註冊學生，也不要求學費，它是讓大家共享的。可擴張性（Scalability）：許多傳統課堂針對於一小群學生對應一位老師，但 MOOC 裡的「大規模」課堂是針對於不確定的參與者而言來設計的。

目前多數的 MOOC 和傳統線上課程有許多相似之處，包含

- 完全在線上提供

- 包含學生可以在線吸收的讀本、影片及其他學習素材，這些素材受著作權保護不能自行散佈

- 包含學生要完成及繳交的作業

- 多數測驗是自動評分的

- 人際互動的機會有限，只透過一個討論區

- 有註冊條件（需要學生以能辨識個人資訊的信箱註冊，有些則需要有先修某些課程的經驗）

- 有明確的課程開始及截止日期

- 如果需要證書就要花錢、不想要證書就旁聽

就此觀之，MOOC 和傳統線上課程的差別其實只在於他們使用了哪個平台，線上課程使用 Blackboard 和 Canvas，MOOC 則使用 Coursera 和 edX。MOOC 平台比起傳統的學習管理系統（LMS）只是讓旁聽變得更容易（方便上手且免費）而已，這也是為什麼傳統的 LMS 可以迅速進入 MOOC 世界扮演重要角色（如 Canvas Network 和 Blackboard CourseSites）。但是由於容易旁聽的這個特點，吸引了大量學生，也就讓 MOOC 平台能留下大量學生資料。

如果要提升教育機會及教育品質，應該要擁抱開放原則、採用開放授權，而非在這些平台的領銜下邁向高等教育的商業化。

什麼是線上聊天？

 (1) 在線上為用戶實時傳遞視像通訊的工具

 (2) 在線上為用戶實時傳遞語音通訊的工具

 (3) 在線上為用戶實時傳遞文字通訊的工具

 (4) 在線上為用戶實時傳遞電郵的工具

本題答案 3

一位同事正在海外公幹。考慮時差因素，以下那種通訊方式能最有效把資訊發給這位同事？

 (1) 電話

 (2) 簡訊

 (3) 電郵

 (4) 視頻會議

本題答案 3

以下那一句關於線上聊天功能的句子是假的？

 (1) Facebook 和 Google 都有線上聊天功能

 (2) 你可以在聊天時分享連結

 (3) 在預設的情況下，線上聊天的內容是公開的

 (4) 你可以在桌上型電腦或行動裝置上使用線上聊天功能

本題答案 3

以下那種通訊方式需要在網路上操作？

 (1) 電話會議

 (2) 電話

 (3) 簡訊

 (4) VoIP

本題答案 4

題型5

以下那一種情況最適合使用簡訊？

(1) 你正在駕駛，需要通知朋友你將會遲到

(2) 你在小組會議裡，需要向你的上司投訴一位同事

(3) 你在正式簡報會裡，需要跟朋友完結對話

(4) 你在貿易展覽會裡，需要通知同事你身在何方

本題答案 4

題型6

以下那三項能以簡訊完成？（選擇三項）

(1) 接收航班延誤的消息

(2) 從網上日曆接收活動提示

(3) 給同事們發送群組訊息

(4) 上載相片到線上儲存空間

(5) 為約會設置鬧鐘提示

本題答案 1,2,3

題型7

你要給同事傳遞一項重要的訊息，並確保他們能清楚明白訊息的內容。以下那兩種通訊方式最快達到目的？（選擇兩項）

(1) 電話

(2) 簡訊

(3) 視頻會議

(4) 電郵

(5) 即時通訊

本題答案 1,3

題型8

一項工作事務需要你與客戶聯繫，並從他們那裡收集最新的維繫人資料。兩種通訊方式最適合搜集這類資料？（選擇兩項）

(1) 電郵

(2) 簡訊

(3) 電話會議

(4) 聊天

(5) 電話

本題答案 1,5

以下那三句關於 Google Hangouts 的句子是正確的？（選擇三項）

(1) Google Hangouts 不容許視像對話

(2) 你能使用 Google Hangouts 與 Skype 用戶作視像會議

(3) 你能錄下你在 Google Hangouts 上的視像會議，在 YouTube 上發佈

(4) Google Hangouts 能取得你的 Google 聯絡人資料和文字對話記錄

(5) 如果把你的 Google Hangouts 公開，其他人在未獲授權下仍能參與你的視像會議

本題答案 3,4,5

網路視頻會議是同步的。這是什麼意思？

(1) 用戶有相同的軟體和硬體

(2) 用戶能隨時參與會議

(3) 它是跨越多個時區的

(4) 通訊是實時的

本題答案 4

以下那兩種溝通方式，最適合應聘者進行遠端面試？（選擇兩項）

(1) 視頻會議

(2) 即時通訊

(3) 電子郵件

(4) 電話會議

本題答案 1,4

以下那兩個原因，能解釋為何你或你的公司會選擇使用付費的在線會議服務，而非免費的服務？（選擇兩項）

(1) 需要一個容許多位參與者實時傳遞視頻和語音的系統

(2) 需要一個快速且容易操作的系統

(3) 需要把網絡研討會廣播給數千位參與者

(4) 需要一個提供全面支援的系統

本題答案 3,4

題型13

進行線上會議需要使用以下那兩種組件？（選擇兩項）

(1)網際網路連線

(2)電話

(3)網頁瀏覽器

(4)網路攝影機

(5)頭載式耳機

本題答案 1,3

題型14

以下那兩種是線上會議的常見用途？（選擇兩項）

(1)新聞廣播

(2)網際網絡研討會

(3)大規模開放線上課堂

(4)與遠端工作人員進行小組會議

本題答案 2,4

題型15

以下那三個原因，能解釋為何線上學習優於傳統面對面上課的方式？（選擇三項）

(1) 線上課堂由該領域的專家所教授

(2) 線上課堂的內容是專門的知識，當地並沒有提供

(3) 線上課堂讓學生能跟導師積極的對話

(4) 在線上學習，能確保與其他學生有更多互動機會

(5) 學費比傳統的課堂便宜

本題答案 1,2,5

一、網路串流影音

1. 串流傳輸（Streaming）是在網路上即時傳輸媒體以供觀賞的一種技術或過程。它乃將一個影音資料分段傳送，觀賞者不需等待整個影片傳送完，即可觀賞。影音檔案可經由串流技術一邊傳輸時，使用者即可一邊觀賞。並且可在串流影音檔案植入連結點，使得影音一邊播放，網頁跟著自動換頁。

2. 影片畫質

   (1) 高畫質電視（HDTV），是一種電視業務下的新型產品，原國際電信聯盟（ITU-R）給高畫質晰度電視下的定義是：「高畫質晰度電視應是一個透明系統，一個正常視力的觀眾處在距該系統顯示螢幕高度的三倍距離上所看到的圖像品質，應該得到有如觀看原始景物或表演時所得到的印象」。其水平和垂直解析度是常規電視的兩倍左右。

(2) 傳輸格式通常用以下的標號來解釋：

- 顯示器解析度的線數

- 逐行的片幅（p）或者交織的場數（i），例如 720p、1080i

- 每秒的片幅或者交織的場數，例如 30FPS、60FPS

- 舉例來說，720p60 就是 1280×720 像素，以每秒 60 片幅的速度逐行編碼（60赫茲）；1080i50 就是 1920×1080 像素，每秒 50 個場的速度交織編碼（25影格）。

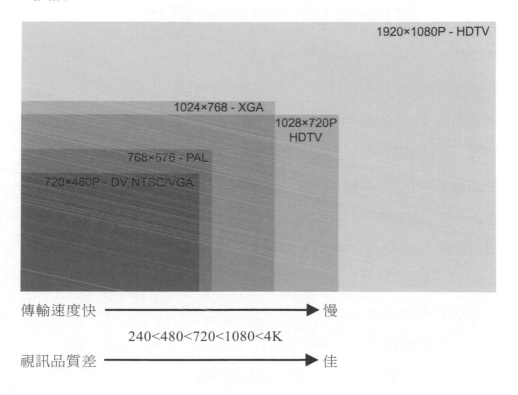

二、串流 Streaming 發展簡史

1. Streaming 技術曾是網路影音傳輸上一大瓶頸，直到 Vxtreme 公司發展了以影片為導向的 streaming 技術 "Vxtreme Theatre"，將聲音與影像作了完美結合。

   這時 RealNetwork 公司跟進，發展了 RealVideo 與 RealAudio，從此網路影音大戰隨即開始。

2. MicroSoft 公司後來併購了 Vxtreme 公司，成立了 Streaming Media Division，將影音市場視為公司經營的重點，並且繼續發展 NetShow，將技術提昇至 MPEG4 規格，整體技術稱"Microsoft Windows Media Technologies 4.X"，簡稱 "Windows Media 4.X"。

3. Apple 公司發展了 QuickTime 的串流技術。串流傳輸可以由一個現場資料來源所提供，比如攝影、網路傳播、由廣播電台所送出的音源、也可以是儲存在伺服器上的 streaming 影片。當你在觀賞連續影片時，並沒有影片檔被下載到你的電腦上。這些資料在抵達觀賞者的電腦後立即由 streaming plugin（如 Real Player, Quick Time Player, Micorsoft Media Player）播放；觀賞者的硬碟上不會存有影片。為達 Streaming 的效果，影片或聲音大小通常都會經過壓縮處理，以降低影音品質，以便減少檔案大小。在時間因素與影片品質，這是需取得平衡考慮。

三、串流 Streaming Broadcast 優點

1. 串流播放（streaming broadcasting）

串流播放，可即時觀賞到影像，勿須等待長時間的下載。

2. 現場節目（live broadcasting）

串流，是目前現場職播的唯一方式，如在網路上播放新聞或節目活動。

3. 媒體檔案大小不受限制

串流播放，並無檔案大小的限制，可一邊傳一邊看，勿須一次把檔案下載的等待時間。

4. 多重廣播（multi-user broadcasting）

允許多位觀賞者同時收看同一個串流影像檔。

5. 隨機播放（video-on-demand）

對於預先錄製好的節目，觀賞者可以隨意暫停、快轉、播放之互動。

6. DRM（數位版權管理）：影片資料不會被複製

串流播放，允許你控制你媒體的散佈及版權。真實影片資料不會被複製到觀賞者的電腦儲存設備上為達 Streaming 的傳輸效果，所有影片或聲音需放在 Streaming Server 上；而觀賞者需在其瀏覽器安裝相關 Player 的 Plugin 軟體。以下 Plugin 可安裝在 IE 或 Netscape 瀏覽器上。

四、串流播放軟體

1. Real Network 公司

   ● 觀賞端 Player：RealOne

   ● 製作端 Producer：一般串流影音、互動式串流影音。

   ● Server 端：Basic Real Server

2. Apple 公司

   ● 觀賞端 Player：Basic QuickTime Movie Player

   ● 製作端 Producer：QuickTime Pro

   ● Server 端：QuickTime Darwin Streaming Server 3 Public Preview

3. MicroSoft

   ● 觀賞端 Player：Windows Media Player

   ● 製作端 Producer：Windows Media Tools

   ● Server 端：Windows Media Server

五、語音串流程式

名稱	簡介
Pandora 	Pandora 電台（Pandora Radio）是僅在美國、澳大利亞和紐西蘭提供服務的自動音樂推薦系統服務，由音樂基因組計劃管理。用戶在其中輸入自己喜歡的歌曲或藝人名，該服務將播放與之曲風類似的歌曲。用戶對於每首歌或好或差的反饋，會影響 Pandora 之後的歌曲選擇。在收聽的過程中，用戶還可以通過多個線上銷售上購買歌曲或專輯。
Spotify	Spotify 是一個起源於瑞典的音樂串流服務，是全球最大的串流音樂服務商，提供包括 Sony Music、EMI、Warner Music Group 和 Universal 四大唱片公司及眾多獨立廠牌所授權、由數位版權管理（DRM）保護的音樂

名稱	簡介
Audible **audible** an amazon company	Audible 它是 Amazon 的子公司，擁有 15 萬本的有聲書，幾乎排行榜上的新書都有！下載書籍後可以在 iPad， 行動載具或電腦上聽，聽的時候有自已調速度和 30 秒倒帶功能

六、影音串流服務

名稱	簡介
Youtube.com **You Tube**	設立在美國的一個影片分享網站，讓使用者上傳、觀看及分享及評論影片。公司於 2005 年 2 月 15 日註冊，網站的口號為「Broadcast Yourself」（表現你自己）
Hulu.com **hulu**	Hulu，名字源於中文「葫蘆」的發音，是一個免費觀看正版影視節目的網際網路網站，它和全美許多著名電視台以及電影公司達成協定，通過授權點播模式向用戶提供影片資源。由於各國對版權的法規有差異，其影片節目曾一段時間只對美國本土用戶開放，但後來為擴展海外市場而對日本提供服務。
Netflix.com **NETFLIX**	在世界多國提供網路隨選串流影片的公司。該服務是使用回郵信封寄送 DVD 和 Blu-ray 出租光碟片至消費者指定的收件位址。
Ustream.tv **USTREAM** an IBM Company	網際網路進行個人在線音視頻廣播（影音串流）平台，於 2007 年 3 月建立。現在此網站已經有多達兩百萬註冊用戶，每月產生多達一百五十萬小時的在線視頻和上百萬人次的觀看量。

七、影音串流服務故障排除步驟，以解決影音串流的問題

步驟1：重新整理瀏覽器(按F5)

步驟2：重新啟動數據機(Modem)

步驟3：聯絡您的ISP(網路服務業者)

步驟4：購買更大的頻寬

題型1

當以低頻寬模式連線到網際網路時，那種解析度標準能讓影音串流頻在不被中斷的情況下播放？

(1) 480p

(2) 720p

(3) 1080p

(4) 4K

本題答案 1

題型2

什麼是串流媒體？

(1) 一種以電腦網絡穩定及連續地傳送或接收資料的方式

(2) 一種下載視頻檔案到設備的方式，以便日後隨時播放

(3) 一種觀看視頻及收聽語言的形式，不需要連線到網際網路

(4) 一種比一般連線到網際網路要快速及有效率的數據傳輸形式

本題答案 1

題型3

在網際網路上串流影音的特色是什麼？

(1) 影音串流容許用戶從雲端硬碟觀看景片

(2) 影音串流在任何應用程式內都是很穩定的

(3) 頻寬的限制對串流的品質是沒有影響的

(4) 串流一個影片比從本機硬碟播放一段影片需要更少的頻寬

本題答案 1

題型4

以下那兩種是直播串流的特點？（選擇兩項）

(1) 上載的頻寬不會對直播串流的品質有影響

(2) 直播串流讓在世界各地的人們都能觀看現場活動

(3) 直播串流可以是公開或是私人的

(4) 直播串流不受硬體所限制

本題答案 2,3

以下那三種應用程式主要使用到語音串流功能？（選擇三項）

(1) Pandora

(2) Spotify

(3) Audible

(4) Google

(5) Netflix

(6) Hulu

本題答案 1,2,3

以下那三個網站有提供影音串流服務？（選擇三項）

(1) Audible.com

(2) Spotify.com

(3) Hulu.com

(4) Netflix.com

(5) Ustream.tv

(6) Twitter.com

本題答案 3,4,5

2-8　數碼公民基本道德技能

　　數位時代的來臨，促使資訊通訊科技（Information Communication and Technology, ICT）普遍應於日常生活，改變了人們的生活型態。近年來，在教育當局的規劃下，資訊科技大量導入教學現場，對於傳統的教學與學習模式產生了革命性的影響。然而隨著資訊科技應用程度的增加，有關資訊科技應用所衍生的負面議題層出不窮，如網路霸凌、非法下載未授權軟體檔案、利用網路交易詐騙他人等。為期學生有能力並正確使用，家長與教育人員應深入了解「數位公民」（digital citizenship）的意涵，並透過示範及多元的教學方式，以培養正確使用資訊通訊科技之概念。

一、數位公民的意涵

　　Ribble 認為數位公民係指：關於科技合理使用、負責任的行為規範。易言之，數位公民之概念在強調科技的正向應用，期使社會中的每一份子皆能在數位世界中自在的工作與休閒。

　　有關數位公民之內涵，以 Ribble 和 Bailey 提出之架構較為完整，茲介紹數位公民九個要素如下：

● **數位近用（digital access）：能完整的參與電子化社會。**

　　由於每個人社經背景的差異，其擁有使用科技的機會並不相同。其主要議題包含所有學生能有平等的數位資源、特殊教育學生輔助科技之應用，及校外數位資源的拓展等。

● **數位交易（digital commerce）：利用網路買賣物品的正確觀念。**

　　網路交易平台如雨後春筍般快速成長，且為重要的購物管道之一，因此教導學生聰明消費，避免因洩漏個人隱私資料以致身分遭盜或信用破產等問題頗為重要。其相關議題包含透過網路交易平台進行交易、利用媒體軟體（如 KKBox、iTunes）進行訂閱與購買，及網路遊戲中虛擬商品的買賣等。

- **數位通訊（digital communication）：電子化訊息的交換。**

  即時通訊、電子郵件、手機等科技的快速發展，改變了人們的溝通方式，教育人員應教導學生妥善使用相關科技。其主要議題包含即時通訊、電子郵件、手機、視訊會議、部落格、影片分享網站以及維基（wiki）的正確使用。

- **數位素養（digital literacy）：何時與如何使用數位科技的能力。**

  教導學生了解科技及應用，並藉由示範，培養其自我學習及自我探索之能力，確保資訊蒐集的可靠性。其主要議題包含學習基本的科技能力、評估網路資源，及發現與發展線上學習模式。

- **數位禮節（digital etiquette）：符合數位科技使用者期待之行為。**

  指導學生正式與非正式使用科技的禮節議題。相關議題包含在適當的情境下使用科技、尊重網路上的他人，及使用科技時不應對他人造成負面的影響。

- **數位法律（digital law）：數位科技使用的合法權益與限制。**

  數位科技的應用，應特別注意有關所有權、引用、著作權、個人資料保護及網路霸凌等法律概念，避免觸犯智慧財產權法、電腦處理個人基本資料保護法、刑法等法律。

- **數位權利與義務（digital rights and responsibilities）：數位科技使用者的權利、義務與行為期待。**

  數位科技使用者在使用資訊科技時，應遵守正當使用科技的政策與規範，負責任地使用科技，並且能有道德地使用網路資料，不於考試或作業進行時使用科技作弊。

- **數位健康與幸福感（digital health and wellness）：數位科技使用所帶來之身心健康問題。**

  數位科技的普遍使用對於身體健康帶來相關問題，使用者必須能分辨不當使用之警訊，並採用符合人體工學的姿勢使用科技，避免對人體造成傷害。此外，網路與電玩遊戲成癮以及社會疏離等問題亦值得注意。

- **數位安全（digital security）：數位科技使用者應注意確保個人及網路安全的預防措施與方法。**

  數位科技的發展，促發了如何妥善保護個人數位資料之議題，所有使用者應該學習如何保護軟硬體的安全、個人數位資料的安全，以及學校與社區安全，以避免病毒傳播、駭客入侵，甚或恐怖主義攻擊等情事之發生。

二、培育數位公民之策略

基於上述，數位公民素養之培養已刻不容緩。然而綜觀國內資訊教育，或因輕忽，或因家長、教育人員知能的不足，多偏重電腦技能如：文書處理軟體、基本繪圖工具、網頁製作及資料搜尋等技能的學習，而忽略了網路使用行為所涉及之倫理議題，以及不當網路使用行為之防治。

為培養學生正確使用資訊科技的態度與觀念，學校教育人員應透過「引導」、「示範」及「回饋與分析」等教學歷程，以培育數位公民之素養，此外 Common Sense Media 則提出數位素養與數位公民素養的教學策略，包括：

- 重新設計教育內容，以實施數位素養與公民素養教育。
- 為學生、家長及教育人員傳播基本課程，以定義數位平台上合乎道德行為的標準。
- 教育並強化教師數位公民知能，以利教導學生。
- 教育並強化家長了解使用科技與數位媒體之行為標準。

三、使用工具 vs. 網際網路威脅

面對網際網路各種威脅，利用哪一種工具進行檢測及防範如下表所示。

使用工具	網際網路威脅
防火牆	駭客、間諜軟體
防毒軟體	特洛伊木馬程式
SSL 加密	信用卡號碼盜竊、身份盜竊

如何能幫助學生確認網站上的資料是可靠的？

(1) 網站以.com 作為網域名稱

(2) 網站列明資料來源

(3) 網站是由一家著名的公司所代管的

(4) 網站使用 HTTPS

本題答案 2

你的網上身份是什麼？

(1) 你的電郵地址

(2) 政府的官方記錄，如姓名和地址等

(3) 你在網上的個人資料，和在網上發佈的媒體和所作的互動

(4) 你用來登入網站的名稱

本題答案 3

什麼是數位健康？

(1) 以數碼技術遵從一般標準的行為

(2) 以數碼技術對安全威脅作出自我防範

(3) 以數碼技術鍛練生理及心理上的健康

(4) 以數碼技術與其他人溝通

本題答案 3

以下那兩個是使用網上化名（而非真實姓名）的合理原因？（選擇兩項）

(1) 你希望把個人身份跟商業身份分開

(2) 下載盜版媒體時

(3) 你想以平常不會在人前使用的方式發表意見

(4) 如果有相同的名字，使用別名能方便區分

本題答案 1,4

題型5

以下兩個例子能減低長時間在電腦上工作對身體所造成的生理不適？（選擇兩項）

(1)把顯示器放在距離眼睛至少兩個臂長的位置

(2)保持大腿平行，雙腳平放在地上

(3)在腳下放一個枕頭

(4)保持手腕伸直，以手墊承托（即泡沫墊或扶手）

本題答案 2,4

題型6

以下那三項你在私人網上帳戶所做的事，可能會對你的專業身份有負面影響？
（選擇三項）

(1) 發佈你與家人外遊的相片

(2) 在 Instagram 發佈你跟同事們在公司派對上拍的相片

(3) 在討論區的政治主題上支持某一方

(4) 在 Twitter 上發佈關於僱主的負面批評

(5) 以私人電郵傳送公司機密

本題答案 3,4,5

題型7

以下那三項是網路依存症的警號？（選擇三項）

(1) 疲勞過度和睡眠習慣有所改變

(2) 擁有多個電子郵件帳戶

(3) 建立多個社群媒體帳戶

(4) 臥談時間花費在電腦上

(5) 對其他愛好的興趣下降

本題答案 1,4,5

題型8

以下那兩項是網路霸凌的例子？（選擇兩項）

(1) 偷取別人的密碼

(2) 線上遊戲玩家擊敗另一名玩家

(3) 發送威脅訊息給某人

(4) 不接受同事通過社群媒體發送的好友請求

(5) 在個人 Facebook 頁面發佈關於另一個人的虛假故事

本題答案 3,5

題型9

要是你受到網路霸凌，以下那兩種處理方式是恰當的？（選擇兩項）

(1) 截圖以記錄受到欺凌的證據

(2) 在網路上反擊加害人

(3) 告訴當局加害人的住址(如果知道的話)

(4) 不要告訴其他人，嘗試自己解決問題

本題答案 1,3

題型10

以下那兩個選項跟網上身份有關？（選擇兩項）

(1) 社群媒體上的個人資料

(2) 銀行帳號

(3) 個人部落格

(4) 登入帳號

本題答案 1,3

課後評量

( )1. 下列何者不是近年來主要的網路安全威脅？

(A)網路釣魚   (B)個資外洩

(C)駭客入侵   (D)網路合購

( )2. 下列何者最不可能成為未來惡意軟體傳播的主要媒介？

(A)電子郵件   (B)即時通訊軟體

(C)社群網站   (D)磁片

( )3. 下列哪一種行為最不可能構成網路犯罪？

(A)透過網路販賣醫療用品

(B)邀請網友出遊賞月

(C)上傳外國藝人的歌曲給網友試聽

(D)在論壇批評某藝人長得醜歌藝又差

( )4. 新聞報導，有補教業者惡鬥，利用駭客手法竊取競爭對手的學生資料。請問該名業者會觸犯什麼法律？

(A)著作權法   (B)教育部組織法

(C)電子簽章法   (D)個人資料保護法

( )5. 有關網路犯罪的敘述，下列何者錯誤？

(A)屬於高智能犯罪

(B)犯罪動機通常是為了替弱勢者發聲

(C)具有不易偵查的特性

(D)罪犯大多具備資訊科技的專業知識

( )6. 下列哪一種行為沒有違反著作權法的疑慮？

(A)拷貝別人發表的笑話，轉寄給親朋好友看

(B)用國外歌手的音樂作為部落格背景音樂

(C)租一片電影 DVD，放映給全班觀賞

(D)下載試用版軟體，安裝在電腦中

( )7. 小義在學校網站留言板中造謠同學考試作弊，請問這種行為可能構成下列哪一種犯罪？

(A)散布惡意軟體　　　　　　　　(B)網路恐嚇

(C)網路毀謗　　　　　　　　　　(D)網路詐騙

( )8. 程式設計師受雇於某公司時，替該公司寫了一套商用軟體。下列有關此套商用軟體的著作權利歸屬（假設雙方於訂約時無特別約定者）之敘述，何者正確？

(A)著作人與著作財產權皆屬公司

(B)著作人與著作財產權皆屬程式設計師

(C)著作人屬公司，著作財產權屬程式設計師

(D)著作人屬程式設計師，著作財產權屬公司

( )9. 資安專家建議瀏覽網頁後，應該刪除 cookie 檔案，請問「cookie」檔案是指？

(A)一種病毒

(B)用來記錄使用者的登入帳號、瀏覽記錄等資料的檔案

(C)網頁資料的暫存檔

(D)資源回收筒中的檔案

( )10. 微軟公司曾以重金（約台幣 100 萬元）懸賞製作「疾風病毒」的駭客，希望將他繩之以法。若以我國的法律來審判上述事件，請問該名駭客是犯了什麼罪？

(A)重製他人著作　　　　　　　　(B)製作妨害電腦使用的程式

(C)濫發垃圾郵件　　　　　　　　(D)網路販賣違禁品

( )11. 有一名大學生，因為在網路中發文抱怨某餐廳的食物很難吃，引來餐廳老闆憤而提告。請問這名大學生的行為是屬於下列哪一種網路犯罪？

(A)網路色情　　　　　　　　　　(B)網路毀謗

(C)非法販賣　　　　　　　　　　(D)網路恐嚇

( )12. 老王在幫公司設計網頁時，想利用某首流行音樂來作為網站的背景音樂。請問他可以利用下列哪一種方法來取得音樂，最不會有侵權之虞？

(A)購買原版 CD，再將音樂轉成 mp3

(B)請網友提供

(C)利用搜尋引擎，尋找提供該首音樂檔案的網站，再自行下載

(D)向發行的唱片公司取得合法授權

( )13. 若某公司內部存在 100 名員工、50 部個人電腦、20 部印表機、且運作時須特定軟體「Windows」方可運作，則至少應採購幾套此一特定軟體的授權？

(A)20 套   (B)1 套
(C)100 套   (D)50 套

( )14. 有關網路犯罪的敘述，下列何者有誤？

(A)是透過網路進行的電腦犯罪行為
(B)目前尚無法律規範網路犯罪的行為
(C)網路犯罪大多為駭客所為
(D)網路犯罪者大多具有專業的電腦知識

( )15. 新聞報導，有些駭客會鎖定智慧型手機，製作電腦病毒，藉以竊取手機用戶的資料。請問製作電腦病毒是屬於下列哪一種犯罪行為？

(A)製作妨害電腦使用的程式   (B)侵害著作權
(C)詐欺罪   (D)恐嚇罪

( )16. 下列犯罪行為中，哪一個沒有觸犯個資法？

(A)甲網站將會員資料複製一份給乙網站使用，以衝高乙網站的會員人數
(B)某商場負責人以 20 萬元代價購買學生資料，再請工讀生打電話推銷產品
(C)小義為了炫耀自己收到的匿名情書，將情書 PO 上網
(D)某購物網站的工程師，為證明產品的熱賣程度，將購買者的個人資料張貼在網站中

( )17. 請問在電子商務網站中，使用未經他人授權的照片、音樂等內容，最可能會侵犯他人哪一項權利？

(A)隱私權   (B)智慧財產權
(C)商標權   (D)專利權

( )18. 有關防止個人資料外洩。下列敘述，何者是錯誤的？

(A)連結任何交易網站，需確認有通過 SSL 的相關安全認證，或由第三公正單位核發之信任標章
(B)當拍賣網站或 mail 主機管理員，寄發通知信告知更改帳號密碼時，應馬上連結信中的超連結，更改帳號密碼，以策安全
(C)避免經由無線網路連線來完成網路上的金錢交易
(D)不直接開啟所有電子郵件中的超連結網址

(　　)19. 愚人節當天，小義撰寫了一個會使電腦不斷重新開機的病毒程式，並傳送給同學，造成同學的電腦感染病毒。請問上述小義的行為，是否有違法之虞？

(A)因為事情發生在愚人節，所以不違法

(B)因為小義只是想開玩笑，所以不違法

(C)同學並無提告，所以不違法

(D)可能觸犯刑法的規定

(　　)20. 關於「防火牆」之敘述中，下列何者不正確？

(A)防火牆無法防止內賊對內的侵害，根據經驗，許多入侵或犯罪行為都是自己人或熟知內部網路佈局的人做的

(B)防火牆基本上只管制封包的流向，它無法偵測出外界假造的封包，任何人皆可製造假的來源住址的封包

(C)防火牆無法確保連線的可信度，一但連線涉及外界公眾網路，極有可能被竊聽或劫奪，除非連線另行加密保護

(D)防火牆可以防止病毒的入侵

答案

| 1.(D) | 2.(D) | 3.(B) | 4.(D) | 5.(B) | 6.(D) | 7.(C) | 8.(D) | 9.(B) | 10.(B) |
| 11.(B) | 12.(D) | 13.(D) | 14.(B) | 15.(A) | 16.(C) | 17.(B) | 18.(B) | 19.(D) | 20.(D) |

3

Key Applications
常用應用軟體

3-1 常用應用軟體一般功能

一、常用應用軟體簡介

軟體名稱	其功能及簡介
第 1 類：文書處理及編輯排版	
Word	1. MS-Office 之一，版本有 2013/2016 2. 副檔名：文件檔為.DOCX，範本檔為.DOTX，網頁檔為.HTM
Writer	Open Office 的文書處理軟體，為 Open source 的自由免費軟體，副檔名：文件檔為.ODT
Adobe InDesign	是 Adobe 公司的一個桌面出版（DTP）的應用程序，主要用於各種印刷品的排版編輯
第 2 類：電子試算表、財務分析及繪製統計圖表	
EXCEL	1. MS-Office 之一，版本有 2013/2016 2. 副檔名：活頁簿檔為.XLS，範本檔為.XLT，網頁檔為.HTM
Calc	Open Office 的電子試算表，為 Open source 的自由免費軟體，副檔名：活頁簿檔為.ODS
第 3 類：商業簡報、投影片設計	
Powerpoint	1. MS-Office 之一，版本有 2013/2016 2. 副檔名：簡報檔為.PPTX、播放執行檔為.PPSX
Impress	Open Office 的簡報製作軟體，為 Open source 的自由免費軟體，副檔名：簡報檔為.ODP
第 4 類：資料庫管理系統	
ACCESS	1. MS-Office 之一，版本有 2013/2016 2. 副檔名：資料庫檔為.ACCDB
Base	Open Office 的資料庫軟體，為 Open source 的自由免費軟體 副檔名：.odb
第 5 類：影像編輯處理、數位照片處理（包含簡易繪圖功能）	
Photoshop	Adobe 公司開發，副檔名為.psd
PhotoImpact	Ulead 公司開發，副檔名為.ufo

軟體名稱	其功能及簡介
GIMP	是 GNU Image Manipulation Program（GNU 圖像處理程式）的縮寫，是一套跨平台開放原始碼圖像處理軟體，是遵循 GNU 授權條款發布的自由軟體，可以在 GNU/Linux、MS Windows、Mac OS X 等平台下運行，能夠實現多種圖像處理方面的要求，包括照片潤飾、圖像合成和創建圖像
第 6 類：電腦繪圖軟體	
Draw	OpenOffice.org Draw 可讓您建立簡單或複雜的繪圖，並以一些常見的影像格式將其匯出。您也可以將在 OpenOffice.org 程式中所建立的表格、圖表、公式和其他項目插入繪圖中。使用由數學向量所定義的線條和曲線建立向量圖形。向量依線條、橢圓和多邊形的幾何繪製圖形。建立簡單的 3D 物件（如立方體、球體和圓柱體），甚至可以修改物件的光源。
AutoCAD	用來劃施工圖、工業設計、室內設計
Illustrator Corel Draw	<table><tr><td>比較</td><td>Illustrator</td><td>Corel Draw</td></tr><tr><td>公司</td><td>Adobe 公司</td><td>Corel 公司</td></tr><tr><td>向量圖檔</td><td>~.ai</td><td>~.cdr</td></tr><tr><td>依畫圖的細緻度區分</td><td>插畫繪圖</td><td>美工繪圖</td></tr><tr><td>適用</td><td>網頁（螢幕） 色彩鮮艷、逼真</td><td>印刷品（繪製海報） 特效多</td></tr></table>
第 7 類：多媒體工具、影片剪輯、視訊動畫處理	
Windows movie maker 及會聲會影、威力導演	1. 從視訊攝影機、網路攝影機或其他視訊來源擷取音訊和視訊到電腦，然後在電影中使用擷取的內容。亦可將現有的音訊、視訊或靜態圖片匯入以在您建立的電影中使用。 2. 編輯音訊和視訊內容（包括新增字幕、視訊轉換或效果）之後，您就可以儲存電影或燒錄至光碟 3. 可以選擇將電影以電子郵件附件的方式傳送或傳送至網路而與其他人分享，可存成.WMV。
Windows Media Player	1. 媒體撥放程式，功能強大「Windows Media 格式」是高品質、安全及完整的數位媒體格式，可供個人電腦、視訊轉換器及可攜式裝置上的應用程式進行串流處理並下載播放 2. 包含 Windows Media Audio 及 Windows Media Video
Real Player	Real Network 創造出來的播放軟體，可以播放該公司特有專屬的 .ra .rm .ram .rmvb .... 的媒體格式
Adobe Premiere	是由 Adobe 公司開發的非線性編輯的影片編輯軟體。為 Creative Suite 套裝的一部分，可用於圖像設計、影片編輯與網頁開發。

軟體名稱	其功能及簡介
第 8 類：網頁設計	
Frontpage	1. Microsoft Office 成員之一 2. 主要用途製作網頁、網站管理（建立、發佈、維護）的專門軟體 3. 網頁副檔名：.HTM、.HTML、.ASP 4. Frontpage 網頁範本：.tem
Dreamweaver	Adobe 公司產品，主要用途製作網頁、網站管理
第 9 類：其他網路相關軟體	
Browser(瀏覽器)	1. Internet Explorer：微軟公司內含在 Windows 中的瀏覽器 2. 網景公司開發的早期瀏覽器：Netscape Navigator（網路領航員） 3. 其他瀏覽器如 kkman、firefox、Apple safari、Google chrome 等
第 10 類：防毒軟體、防間諜程式	
Pccillin	趨勢科技的防毒軟體，較佔用系統資源
Antivirus	防毒軟體
第 11 類：其他軟體	
Ghost	Norton 公司的磁碟管理工具，進行系統製作備份，有整個硬碟（Disk）和分區硬碟（Partition）兩種方式，亦可製作系統還原光碟。
檔案壓縮	Winzip、Winrar、Winarj、7-zip
燒錄軟體	1. Alcohol 120% 是兼具 CD 燒錄與虛擬光碟功能的軟體 2. Nero Burning Rom 專業級光碟燒錄程式，支援各式 CD / DVD，以及開機光碟的製作。 3. CloneCD/DVD 可備份你的音樂、資料、遊戲 CD，不論它們是否有防拷功能，只支援沒有保護機制的 DVD

二、常用應用軟體下載安裝

下載並安裝 Adobe Acrobat Reader 接受所有預設選項

1 利用 Google 搜尋。

2 下載免費 Adobe Acrobat Reader，按「立即開始」。

3 下載好開始安裝。

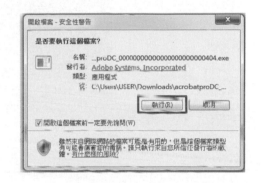

4 連線至 Adobe 伺服器下載。

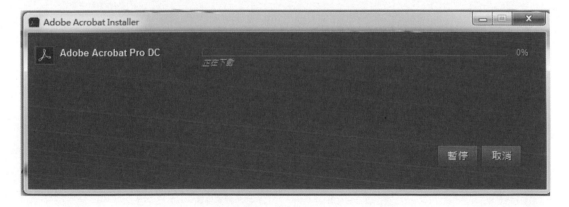

三、控制台操作設定顯示器

使用「控制台」延伸桌面跨過兩個顯示器。

1️⃣ 按「開始」→「控制台」。

2️⃣ 點選「顯示」。

3 選擇「延伸這些顯示器」。

若題目為：複製桌面在兩個顯示器上，則選在這些顯示器上同步。

哪一組應用程式對發行一本數位書籍是最好的？

(1) Microsoft Word、Adobe InDesign、Adobe Acrobat Pro

(2) Microsoft Word、Microsoft Powerpoint、Adobe Premiere Pro

(3) Adobe Photoshop、Adobe Illustrator、Adobe Premiere Pro

(4) Adobe Illustrator、Adobe Dreamweaver、Microsoft Excel

本題答案 1

哪一個應用程式是最適合保存個人預算？

(1) Microsoft Excel

(2) Microsoft Powerpoint

(3) Microsoft Access

(4) Microsoft Project

本題答案 1

哪一個 app（應用軟體）最適合編輯和修改影像？

(1) Microsoft Powerpoint

(2) Microsoft Word

(3) Adobe Photoshop

(4) 記事本

本題答案 3

分辨在下列選項中哪一個是在你的電腦影像檔案中的中繼資料？（選擇三項）

(1) 修改日期

(2) 影像中的色彩

(3) 磁碟上的檔案大小

(4) 預覽影像

(5) 影像編輯器

(6) 使用者帳戶

(7) 檔案位置路徑

本題答案 1,3,7

3-2 文書處理 WORD 操作

一、Word 的工作環境

1. 工具列

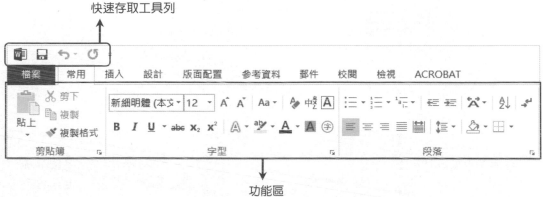

說明：

- 快速存取工具列：是方便我們快速執行常要進行的工作。

- 功能區：分為 9 大頁次標籤，包括檔案、常用、插入、設計、版面配置、參考資料、郵件、校閱、檢視。

2. 尺規

首行縮排	首行凸排	左邊縮排	右邊縮排
看看這整個大 法規（加值網路業 團法人介入市場，	看看這整個大環境 （加值網路 團法人介入 地覆。	看看這整個大 法規（加值網 與財團法人之 天翻地覆。	營業者前 營負擔， 人大打出

練習》設定首行凸排 2 公分。（打開凸排練習-原始檔）

1 取消「字元顯示」。選擇檔案\選項\進階\將顯示字元寬度單位（W）打勾取消。

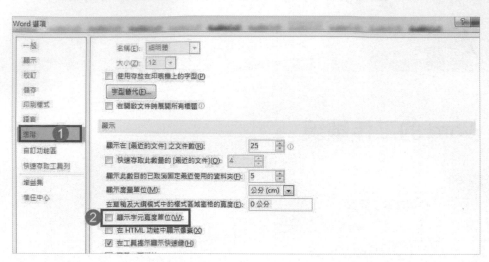

2 按段落→設定「指定方式：凸排；位移點數：2 公分」，結果如下：

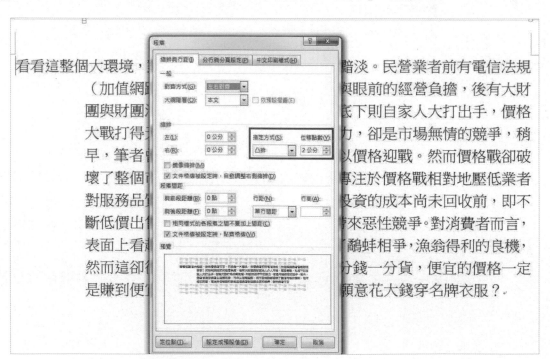

3. 文字醒目提示功能

使用「醒目提示」工具可標記及尋找文件中的重要文字。當文件放在線上時，文件的醒目提示部分是最容易閱讀的。

練習》將「民營業者」改成「醒目提示」。（打開醒目練習-原始檔）

1 選取您要醒目提示的文字，在 [常用] 索引標籤的[字型] 群組中，按一下[文字醒目提示色彩] 旁的箭號。

2 按一下 [黃色]，結果如下：

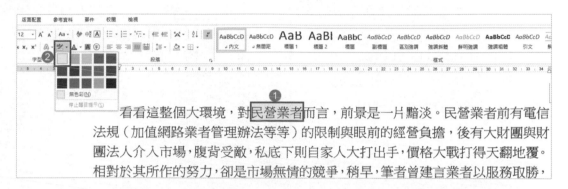

練習》將「民營業者」取消醒目提示。（打開取消醒目練習-原始檔）

1 在 [常用] 索引標籤的[字型] 群組中，按一下[文字醒目提示色彩] 旁的箭號。

2 按一下 [無色彩]，結果如下：

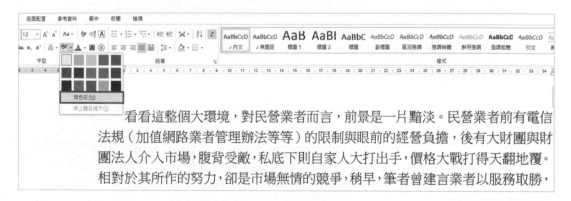

4. 取代功能

📋 **練習》** 使用「尋找與取代」功能,將所有的「斜體」取代成「標準格式」。
（打開取代練習－原始檔）

1 切換至「常用」\「編輯」,點選「取代」。

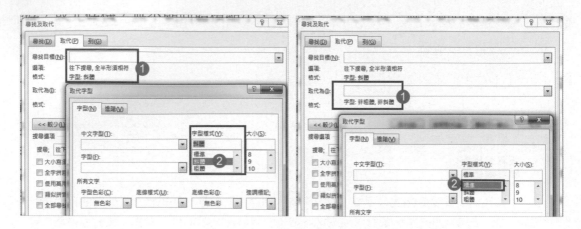

結果:

> 由於網路的盛行及資料處理的日益龐大,高容量儲存設備也就成為各家廠商兵家必爭之地。目前無論是磁帶機、硬碟,或光碟機,無不朝向體積縮小、容量加大,而價格卻降低的方向發展。對使用者而言,這不啻為一大福音。。
> 硬碟除容量成長外,最大的優點是它的速度及適用環境,速度快是使用者津津樂道的;一提到儲存設備的速度,一般大眾均會和硬碟比較一下,往往是硬碟勝於一切儲存體。但每一種儲存設備均有它存在的市場因素,而在適用環境上

📋 **練習》** 使用「尋找與取代」功能,將所有的「網路」取代成「Internet」。
（打開取代練習 01－原始檔）

1 切換至「常用」\「編輯」,點選「取代」。

由於 Internet 的盛行及資料處理的日益龐大,高容量儲存設備也就成為各家廠商兵家必爭之地。目前無論是磁帶機、硬碟,或光碟機,無不朝向體積縮小、容...發展。對使用者而言,這不啻為一大福音。。

...提點是它的速度及適用環境,速度快是使用者津津...速度,一般大眾均會和硬碟比較一下,往往是硬碟...儲存設備均有它存在的市場因素,而在適用環境上...電腦設備,幾乎是缺它不可。電腦系統的啟動,...各種作業系統均能和其搭配。所以在 Internet 系統...而在 Internet 伺服器中,硬碟的搭配及選擇,就需...性。在 Internet 技術裡,對儲存媒體有鏡射功能(

5. 復原與重複操作的功能

- ↶ 復原鈕（Ctrl+Z）：可復原（取消）上一個動作。

- ↷ 取消復原（Ctrl+Y）：可重作上一個動作，若執行了復原的操作，此鈕的作用會是取消復原，按下此鈕可取消復原的動作。

📑 練習》 將「看看這個大環境」改成粗體及斜體。（打開復原與取消復原練習檔）

1 選取「看看這整個大環境」文字內容→按粗體及斜體。

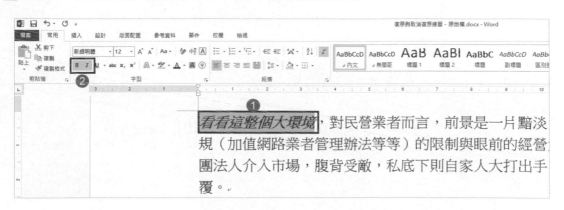

2 若按下 ↶ 取消復原組體(Ctrl+Y) 取消復原鈕後：

看看這整個大環境，對民營業者而言，前景是一片黯淡。民營業者前有電信法規（加值網路業者管理辦法等等）的限制與眼前的經營負擔，後有大財團與財團法人介入市場，腹背受敵，私底下則自家人大打出手，價格大戰打得天翻地覆。

6. 剪下及貼上：Ctrl+X（剪下）及 Ctrl+V（貼上）

📑 **練習》** 將「看看」→利用 Ctrl+X（剪下）及 Ctrl+V（貼上）貼在「...黯淡」之後。（打開 Ctrl+X 的練習-原始檔）

1 利用 Ctrl+X 將「看看」剪下。

看看這整個大環境，對民營業者而言，前景是一片黯淡。

2 將游標放在「淡」的後面→按 Ctrl+V（貼上）。

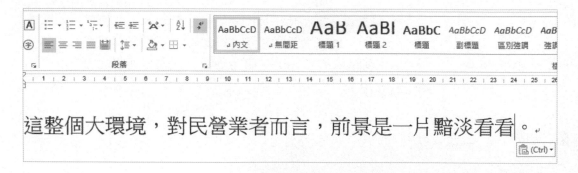

這整個大環境，對民營業者而言，前景是一片黯淡看看。

7. 插入圖片

插入圖片的流程：將游標放在要插入圖片地方→瀏覽到儲存的檔→「插入圖片」。

練習》在「業者」前面插入一張圖片。（打開插入圖片-原始檔）

1 將游標放在「業」的前面，按「插入」→「圖片」→選擇所要插入的圖片，如下：

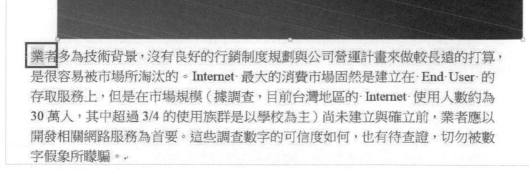

業者多為技術背景，沒有良好的行銷制度規劃與公司營運計畫來做較長遠的打算，是很容易被市場所淘汰的。Internet 最大的消費市場固然是建立在 End User 的存取服務上，但是在市場規模（據調查，目前台灣地區的 Internet 使用人數約為 30 萬人，其中超過 3/4 的使用族群是以學校為主）尚未建立與確立前，業者應以開發相關網路服務為首要。這些調查數字的可信度如何，也有待查證，切勿被數字假象所矇騙。

練習》在網路上下載一個你找到的影像，將影像插入在 Word 文件中的步驟。

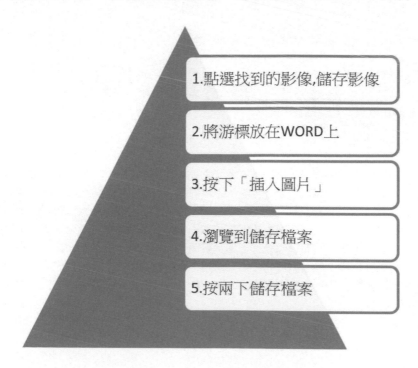

1.點選找到的影像,儲存影像

2.將游標放在WORD上

3.按下「插入圖片」

4.瀏覽到儲存檔案

5.按兩下儲存檔案

8. 檢視模式的簡介

5 大檢視的模式：

檢視模式	說明
整頁模式	Word 預設的文件檢視模式，可完整呈現文件列印出來。
草稿模式	只會顯示文字內容並簡化版面顯示的內容。
大綱模式	以縮排方式顯示套用的大綱階層層級，可顯示文件的大綱結構
Web 版面配置模式	顯示文件存成網頁後，在瀏覽器中顯示版面配置及背景
閱讀模式	會在螢幕上展開文件內容且只會顯示檢閱相關的工具。

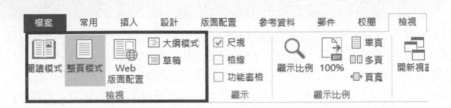

📑 **練習》** 將文件內容切換至「草稿」模式，並顯示「尺規」。
（打開檢視練習-原始檔）

1 切換至「檢視\檢視」。

2 在「檢視」處點選「草稿」，在「顯示」處勾選「尺規」。結果如下：

看看這整個大環境，對民營業者而言，前景是一片黯淡。民營業者前有電信法規（加值網路業者管理辦法等等）的限制與眼前的經營負擔，後有大財團與財團法人介入市場，腹背受敵，私底下則自家人大打出手，價格大戰打得天翻地覆。相對於其所作的努力，卻是市場無情的競爭，稍早，筆者曾建言業者以服務取勝，而非以價格迎戰。然而價格戰卻破壞了整個市場的機制，從市場面來看，專注於價格戰相對地壓低業者對服務品質的維持；對於業者而言，所投資的成本尚未回收前，即不斷低價出售自己的服務並非好事，而會帶來惡性競爭。對消費者而言，

9. 列印的功能

📑 **練習》** 設定列印第 2 頁至第 4 頁，雙面列印（從短邊翻頁）。
（打開列印練習檔）

① **設定的選項**：列印所有頁面、列印選取
範圍、列印目前頁面及自訂列印。
按「檔案」→「列印」。

📑 **練習》** 設定列印的紙張大小為 Legal，雙面列印。（打開設定紙張大小練習檔）

① **列印紙張的設定。** 按「檔案」→「列印」，
設定雙面、設定紙張大小。

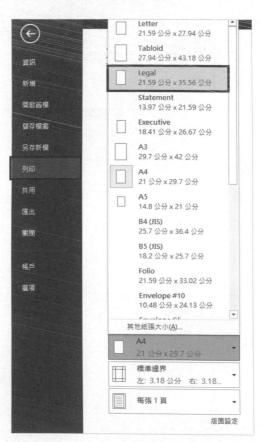

練習》 設定列印此文件「每張 2 頁」。（打開列印張數練習檔）

1 列印張數的設定。按「檔案」→「列印」，設定列印張數。

10.版面配置

練習》 設定上下左右各 3 公分。（打開版面配置練習-原始檔）

1 設定邊界。切換至「版面配置」在「版面設定」處點選「邊界」，設定上下左右各 3 公分。

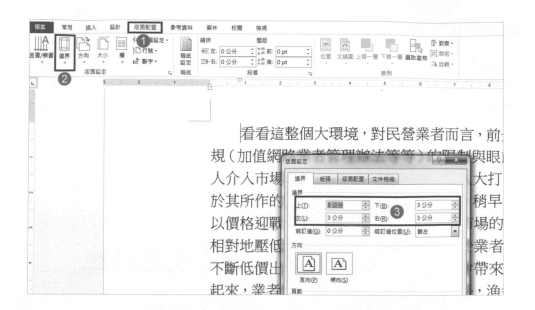

練習》 在第一段後面插入一「分頁符號」。（打開插入分頁符號練習－原始檔）

1 分隔設定：將游標移到「業」的前面→按下「分隔設定」→「分頁符號」。

> 收前，即不斷低價出售自己的服務並非好事，而會帶來惡性競爭。對消費者而言，
> 表面上看起來，業者的價格戰也許造就了鷸蚌相爭，漁翁得利的良機，然而這卻
> 很可能是一個假象，俗話說一分錢一分貨，便宜的價格一定是賺到便宜了嗎？那
> 麼為何還有許多人 未分頁前 牌衣服？
> 　業者多為技術背景，沒有良好的行銷制度規劃與公司營運計畫來做較長遠的
> 打算，是很容易被市場所淘汰的。Internet 最大的消費市場固然是建立在 End
> User 的存取服務上，但是在市場規模（據調查，目前台灣地區的 Internet 使用人
> 數約為 30 萬人，其中超過 3/4 的使用族群是以學校為主）尚未建立與確立前，
> 業者應以開發相關網路服務為首要。這些調查數字的可信度如何，也有待查證，
> 切勿被數字假象所矇騙。

2 切換至「插入」\「頁面」\選擇「分頁符號」。

> 收前，即不斷低價出售自己的服務並非好事，而會帶來惡性競爭。對消費者而言，
> 表面上看起來，業者的 插入分頁符號 了鷸蚌相爭，漁翁得利的良機，然而這卻
> 很可能是一個假象，俗話說一分錢一分貨，便宜的價格一定是賺到便宜了嗎？那
> 麼為何還有許多人願意花大錢穿名牌衣服？
>
> ―――――分頁符號―――――

11. 自動校正

將自動修正拼字與文法錯誤之校正取消：只要將「自動拼字檢查」及「自動標記文法錯誤」打勾取消。(打開校訂練習－原始檔)

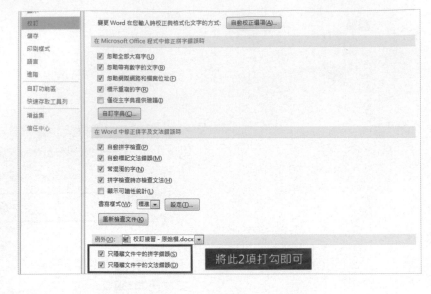

將此2項打勾即可

● 未取消前：

業者多為技術背景，沒有良好的行銷制度規劃與公司營運計畫來做較長遠的打算，是很容易被市場所淘汰的。Internet 最大的消費市場固然是建立在 End User 的存取服務上，但是在市場規模（據調查，目前台灣地區的 Internet 使用人數約為 30 萬人，其中超過 3/4 的使用族群是以學校為主）尚未建立與確立前，業者應以開發相關網路服務為首要。這些調查數字的可信度如何，也有待查證，切勿被數字假象所矇騙。

要健全國內在商業上的應用，筆者認為首先要建立服務有價的觀念，以及確定合理價格的制定。在市場規模雛形初現之際，如何讓消費者肯定業者的服務，付費使用線上服務，是業者的首要考量點。不少新進業者未先作好市場評估與成本估算，即盲目投入 Internet 市場，在強烈的淘汰競爭下，不斷地開發線上服務。其所投下的成本，與惡性削價競爭所造成的回收不成比例，許多業者

● 取消後：

🖐 練習》加入 InteRnet 一詞於字典內。

1 「檔案」→「選項」→「校訂」→「自訂字典」→「編輯文字清單」

2 按下「新增」即可將 InteRnet 加入字典內。

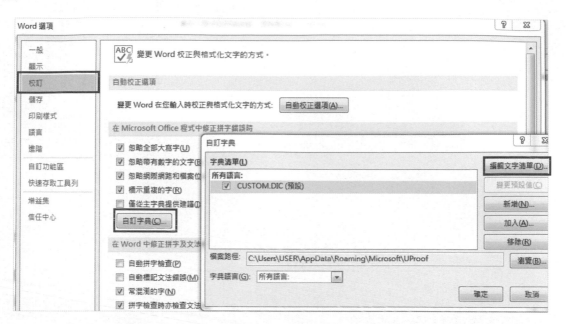

3 「校閱」→「拼字及文法檢查」→「全部變更」。

12.表格

● 插入表格

在[插入]索引標籤的[表格]群組中，按一下[表格]下方的箭號。（插入 4 X 2 的表格）

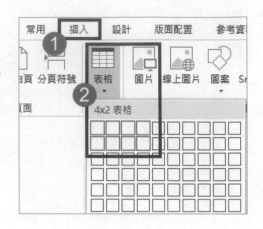

結果如下圖：

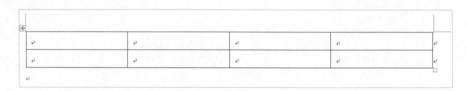

● 設定欄寬（以數值的方式）

公分（中國大陸：厘米，香港：釐米，英式英文：centimetre、美式英文：centimeter），是十進制長度計算單位，符號 cm。

📑 **練習》修改「姓名」欄位的寬度改成 2.5 厘米。（打開表格表格（改變欄寬）-原始檔）**

1 選取該欄位→在「表格工具」下的「版面配置」設定「寬度」，即可完成。

結果檔如下：

表格(改變欄寬)-原始檔.docx - Word

姓名	現任職稱	部門名稱	年齡	年資
季正杰	資深工程師	維修部	40	13
高鴻烈	程式設計師	資訊部	30	12
施美芳	行政專員	行政部	30	11
張景松	副工程師	研發二課	30	11
陳曉蘭	業務經理	業務一課	40	11
楊銘哲	研發副理	研發三課	30	9
丁組長	助理工程師	維修部	38	8

練習》 將下列文字轉換成二欄三列的資料。（打開文字轉表格-原始檔）

1 **文字轉表格。**請先選取要轉成表格的文字。

姓名,座號
王小明,01
王大明,02

2 切換至「插入」\「表格」→點選「文字轉換表格」→輸入「欄數」即可完成。

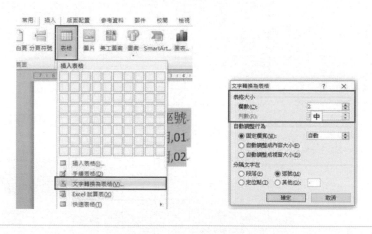

姓名	座號
中小明	01
王大明	02

13.樣式（常用\樣式）

樣式是一連串格式設定的集合。

📋 **練習》** 將原始檔套用內文的樣式，中文:標楷體；英文及數字:Vijaya 字型，並將
名稱改為「改變字型」。（打開樣式練習-01）

1️⃣ 常用工具列中的樣式中的內文→按「滑鼠右鍵」→選擇「修改」。

2️⃣ 將「樣式名稱」修改為「改變字型」→將「中文字型：改成標楷題、英數字型：改
成」改「Vijaya」→按「確定」。

結果如下：

業者多為技術背景，沒有良好的行銷制度規劃與公司營運計畫來做較長遠的打算，是很容易被市場所淘汰的。*Internet* 最大的消費市場固然是建立在 *End·User* 的存取服務上，但是在市場規模（據調查，目前台灣地區的 *Internet·* 使用人數約為 30 萬人，其中超過 3/4 的使用族群是以學校為主）尚未建立與確立前，業者應以開發相關網路服務為首要。這些調查數字的可信度如何，也有待查證，切勿被數字假象所矇騙。

14. 啟動追蹤區修訂功能

● 啟動追蹤區：校閱頁次→按下追蹤區的「追蹤修訂」鈕，啟動「追蹤修訂」功能。

● 同意/拒絕修定。

練習》接受文件所做的改變。（打開變更練習-原始檔）

1 按下追蹤修訂→輸入你要修改的文字→按下接受所有變更。

業者多為技術背景，沒有良好的行銷制度規劃與公司營運計畫來做較長遠的打算，是很容易被市場所淘汰的。~~Internet~~Intranet 最大的消費市場固然是建立在 End·User 的存取服務上，但是在市場規模（據調查，目前台灣地區的 ~~Internet~~Intranet 使用人數約為 ~~30~~40 萬人，其中超過 ~~3/4~~3/5 的使用族群是以學校為主）尚未建立與確立前，業者應以開發相關網路服務為首要。這些調查數字的可信度如何，也有待查證，切勿被數字假象所矇騙。

接受變更前

結果檔：

> 業者多為技術背景，沒有良好的行銷制度規劃與公司營運計畫來做較長遠的打算，是很容易被市場所淘汰的。Intranet 最大的消費市場固然是建立在 End User 的存取服務上，但是在市場規模（據調查，目前台灣地區的 Intranet 使用人數約為 40 萬人，其中超過 3/5 的使用族群是以學校為主）尚未建立與確立前，業者應以開發相關網路服務為首要。這些調查數字的可信度如何，也有待查證，切勿被數字假象所矇騙。

練習》 拒絕前 2 個變更並接受文件中第 3 個的變更。
（打開部分變更練習-原始檔）

1 **接受部分的修訂。**按下追蹤修訂→按「下一個」→「拒絕」→「拒絕」，表示拒絕前 2 個變更，到第 3 個按下「接受」便完成，直到跳到第 3 個字。

變更前：

壓為何還有許多人願意花大錢穿名牌衣服？

　　業者多為技術背景，沒有良好的行銷制度規劃與公司營運計畫來做較長遠的打算，是很容易被市場所淘汰的。~~Internet~~Intranet 最大的消費市場固然是建立在 End User 的存取服務上，但是在市場規模（據調查，目前台灣地區的 ~~Internet~~Intranet 使用人數約為 ~~30~~40 萬人，其中超過 ~~3/4~~3/5 的使用族群是以學校為主）尚未建立與確立前，業者應以開發相關網路服務為首要。這些調查數字的可信度如何，也有待查證，切勿被數字假象所矇騙。

　　要健全國內在商業上的應用，筆者認為首先要建立服務有價的觀念，以及確定合理價格的制定。在市場規模雛形初現之際，如何讓消費者肯定業者的服務，付費使用線上服務，是業者的首要考量點。不少新進業者未先作好市場評估與成本估算，即盲目投入 Internet 市場，在強烈的淘汰競爭下，不斷地開發線上服務。其所投下的成本，與惡性削價競爭所造成的回收不成比例，許多業者在長期虧損

變更後：

壓為何還有許多人願意花大錢穿名牌衣服？

　　業者多為技術背景，沒有良好的行銷制度規劃與公司營運計畫來做較長遠的打算，是很容易被市場所淘汰的。Internet 最大的消費市場固然是建立在 End User 的存取服務上，但是在市場規模（據調查，目前台灣地區的 ~~Internet~~Intranet 使用人數約為 ~~30~~40 萬人，其中超過 ~~3/4~~3/5 的使用族群是以學校為主）尚未建立與確立前，業者應以開發相關網路服務為首要。這些調查數字的可信度如何，也有待查證，切勿被數字假象所矇騙。

　　要健全國內在商業上的應用，筆者認為首先要建立服務有價的觀念，以及確定合理價格的制定。在市場規模雛形初現之際，如何讓消費者肯定業者的服務，付費使用線上服務，是業者的首要考量點。不少新進業者未先作好市場評估與成本估算，即盲目投入 Internet 市場，在強烈的淘汰競爭下，不斷地開發線上服務。其所投下的成本，與惡性削價競爭所造成的回收不成比例，許多業者在長期虧損

15.佈景主題

📋 **練習》設定佈景主題為「多面向」。（打開佈景設定練習－原始檔）**

1️⃣ 切換至「設計」→選擇「佈景主題」→點選「多面向」。

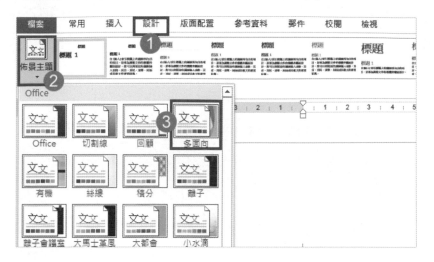

題型 1

下列選項中，哪兩個是在 Word 文件中插入圖片的方法？（選擇兩項）

(1) 從桌面上拖曳圖片

(2) 插入使用網路圖片

(3) 透過 Word 的電子郵件寄出圖片

(4) 使用網路連接插入圖片

本題答案 1,2

( )1. 在文書處理軟體 Microsoft Word 中，關於「選取文字」的敘述何者錯誤？

(A)在一個英文字按二下左鍵會選取這個英文字

(B)在段落中按二下會選取一行

(C)在文字上拖曳可以選取任意連續文字

(D)按 Ctrl + A 鍵會選取整份文件

( )2. 在 Word 中進行下列哪一項操作時，滑鼠指標會改以 來呈現？

(A)複製文字　(B)複製格式　(C)搬移段落　(D)貼上圖片

( )3. 若欲將 Microsoft Word 文件內資料 2004 改成 2004，下列哪一種操作方式最簡便？

(A)使用字型格式的上標效果　　　　(B)修改字體大小

(C)使用特殊符號　　　　　　　　　(D)使用文字藝術師

( )4. 在 Word 中，要使文字對齊定位點，應按什麼鍵？

(A)Tab　(B)Shift + →　(C)F4　(D)Ctrl + Esc

( )5. 將游標移至 Word 文件中的某一段落時，尺規呈現如下圖所示的樣貌。請依下圖判斷下列敘述何者有誤？

(A)該段落的第一行內縮　　　　　　(B)該段落的左邊內縮

(C)該段落的右邊內縮　　　　　　　(D)該段落的第一行外凸

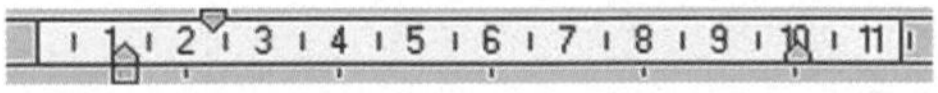

( )6. 若要用 Word 的「插入目錄」功能自動產生目錄，則編輯文件時，應針對要歸為目錄來源的文字進行什麼設定？

(A)套用標題樣式　(B)插入書籤　(C)置中對齊　(D)加入編號

( )7. 在 Word 中，按 Ctrl + Enter 鍵會有什麼作用？

(A)重複執行上一個操作　(B)強制換行　(C)強制換頁　(D)文字置中對齊

( )8. 小林製作的文件，只要按住 Ctrl 鍵，再單按文字 "Google 一下"，就可開啟瀏覽器，連到 Google 網站。請問這是利用 Word 的哪一項功能製作的？

(A)插入目錄　(B)插入檔案　(C)頁首/頁尾　(D)插入超連結

（　　）9.　下列關於文書處理軟體 Word 中「頁首/頁尾」功能的敘述，何者正確？

(A)只能加入文字，不能加入圖片

(B)除「頁碼」外，還可以顯示「頁數」

(C)「頁碼」只能放在頁首的右方或頁尾的右方

(D)不能同時顯示「日期」及「時間」

（　　）10.　使用 Word 的合併列印功能時，文件中的哪個部分會以 "《》" 符號括住？

(A)要合併的資料欄位　　(B)內文　　(C)表格標題　　(D)圖表

（　　）11.　Word 無法編輯下列哪一種格式的檔案？

(A)Word 文件檔案（＊.docx）　　　　　　(B)網頁檔案（＊.htm）

(C)純文字檔案（＊.txt）　　　　　　　　(D)聲音檔案（＊.wav）

（　　）12.　下列何者為 Microsoft Word 中，鍵盤快速鍵 Ctrl + S 的功能？

(A)開啟檔案　　(B)另存新檔　　(C)刪除檔案　　(D)儲存檔案

（　　）13.　在文書處理軟體 Word 中，要重新排列組合文章中的章節順序，在下列哪一種模式下，可以最快速地移動文件內容？

(A)整頁模式　　(B)大綱模式　　(C)草稿模式　　(D)閱讀版面配置

（　　）14.　在 Microsoft Word 文書處理軟體中，下列何者最適用於快速建立一份中文履歷表？

(A)範本　　(B)巨集　　(C)功能變數　　(D)自動圖文集

（　　）15.　老師要求同學撰寫作文時，每段文字的第 1 行要空 2 個字。請問這項要求，在 Word 中應如何設定？

(A)設定首行縮排　　(B)設定段落間距　　(C)設定段落分頁　　(D)設定行距

（　　）16.　用 Microsoft Word 編輯文件時，在預設狀況下按哪個快速鍵可以將剪貼簿的內容貼到 Word 文件上？

(A)Ctrl + A　　(B)Ctrl + C　　(C)Ctrl + V　　(D)Ctrl + X

（　　）17.　用 Word 編輯橫式英文的文字段落時，欲改變該段落第一行第一個字的縮排位置，通常會移動下面水平尺規中的那一個標記？

(A)無法改變　　(B)左上標記　　(C)左下標記　　(D)右下標記

(　)18. 在 Microsoft Word 中，輸入一段文字後，並將該段文字的段落屬性設定如下圖，【縮排】中的【左】欄位值被設定為 2 cm，【指定方式】欄位被設定為「第一行」且【位移點數】欄位值被設定為 1 cm，則該段文字被設定為何種縮排效果？

(A)全段左邊向右縮排 2cm，第一行再多向右縮排 1cm

(B)全段左邊向右縮排 2cm，第一行再多向左凸排 1cm

(C)全段左邊向右縮排 1cm，第一行再多向右縮排 2cm

(D)全段左邊向右縮排 1cm，第一行再多向左凸排 2cm

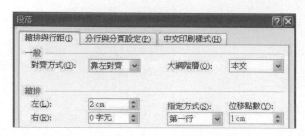

(　)19. 如果想要快速美化表格的外觀，可使用 Word 提供的哪一項功能？

(A)表格樣式　(B)表格資料的排序　(C)表格轉換為文字　(D)重複標題列

(　)20. 菲菲想利用 Word 製作學校的園遊會傳單，請問她可以利用哪一項功能來製作標題，使標題文字以活潑的樣式來呈現？

(A)頁首/頁尾　(B)插入 SmartArt 圖形　(C)插入圖表　(D)文字藝術師

答案

1.(B)	2.(B)	3.(A)	4.(A)	5.(D)	6.(A)	7.(C)	8.(D)	9.(B)	10.(A)
11.(D)	12.(D)	13.(B)	14.(A)	15.(A)	16.(C)	17.(B)	18.(A)	19.(A)	20.(D)

3-3 試算表 EXCEL 操作

一、試算表 Excel

- Excel 功能：試算表、統計圖表、資料分析、個人預算。
- 預設活頁簿檔名：活頁簿 1.xlsx，工作表預設 1 張。

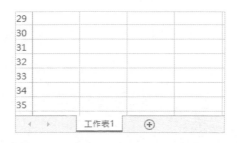

1. 取得外部檔案：從 Access、從 Web、從文字檔及從其他來源等等。如下圖。

2. 如何匯入文字檔：

   - 在 Excel 中，開啟它，或者您可以為外部資料範圍匯入。
   - 逗號分隔值的文字檔案（.csv），通常會以逗號字元（,）分隔每個文字欄位。如通訊錄、客戶資料表等等。

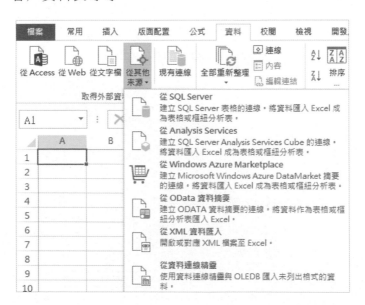

當匯入試算表至另一應用程式時,哪一種資料類型最適合使用 CSV 格式?

(1) 帶有儲存格樣式的使用者資料輸入表單

(2) 區域銷售資料和財務公式

(3) 含有計算方式的年度個人預算表

(4) 顧客聯絡表

本題答案 4

二、EXCEL 操作

1. 跨欄置中 跨欄置中

練習》將 A1 的標題設定在表格的中央。(打開跨欄置中練習檔.xlsx)

1 選取 A1 到 E1 的儲存格→按 跨欄置中 即可。PS.考證技巧:先按 A1+SHIFT 鍵再按 E1

原始檔	結果檔

2. 刪除列

練習》刪除第 1 列。(打開刪除列練習檔.xlsx)

1 選取要刪除的列→按「滑鼠右鍵」→選擇「刪除」即可。

　　另解:常用工具列→刪除→工作表列

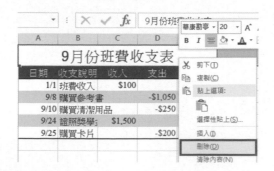

結果檔，如下圖：

	A	B	C	D	E
1	日期	收支說明	收入	支出	小計
2	1/1	班費收入	$100		$100
3	9/8	購買參考書		-$1,050	-$950
4	9/10	購買清潔用品		-$250	-$1,200
5	9/24	證照獎學金	$1,500		$300
6	9/25	購買卡片		-$200	$100

3. 插入欄位

📑 **練習》請在 A、B 二欄之間插入一個欄位。（打開插入欄位練習檔.xlsx）**

1️⃣ 選取 B 欄位→按「滑鼠右鍵」→選擇「插入」即可。

　　另解：常用工具列→插入→工作表欄

4. 調整列高或欄寬

📑 **練習》設定第 1 列的列高調整為「25」。**

1️⃣ 選取要調整的列→點選「格式」→輸入「列高」的數值，即可完成列高的調整。

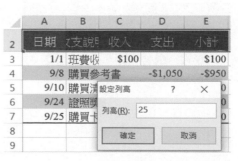

📋 **練習》** 將「收支說明」的欄寬，完整顯示。

1️⃣ 選取要調整的欄→點選「格式」→選取「自動調整欄寬」，即可完成欄寬的調整。
  另解：直接雙按 B 欄右邊線進行自動調整 B 欄欄寬

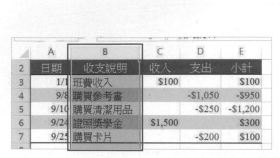
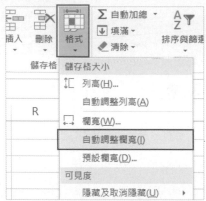

2️⃣ 在 B、C 欄之間快點 2 下。

9月份班費收支表				
日期	收支說明	收入	支出	小計
1/1	班費收入	$100		$100
9/8	購買參考書		-$1,050	-$950
9/10	購買清潔用品		-$250	-$1,200
9/24	證照獎學金	$1,500		$300
9/25	購買卡片		-$200	$100

5. 選擇性貼上

📋 **練習》** 將工作表 1 內 A1:E7 的儲存格資料，複製到工作表 2 內 A1:E7，並以選擇性貼上內的「值與數字格式」。（打開選擇性貼上練習檔）

1️⃣ 選取 A1:E7 的儲存格資料→按「複製」或「Ctrl+C」→切換至工作表 2→按「貼上」\「選擇性貼上」→選擇「值與數字格式」。

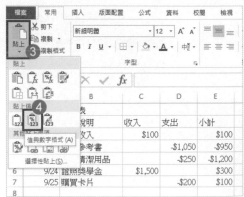

6. 篩選的功能

📖 **練習》** 利用篩選功能，顯示「太平洋汽門工業股份公司」的交易資料。
（打開篩選練習檔.xlsx）

1 切換至「資料」\「排序與篩選」→按「篩選」。

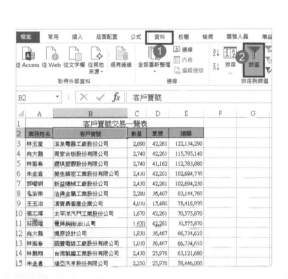
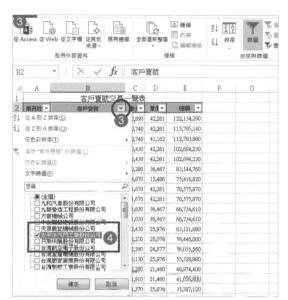

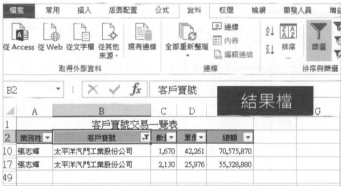

7. 格式化表格

📑 **練習》** 格式化 A1:E11 的範圍成為表格，指定第一列為標題列。
　　　　（打開格式化表格練習檔）

步驟 2
格式化為表格

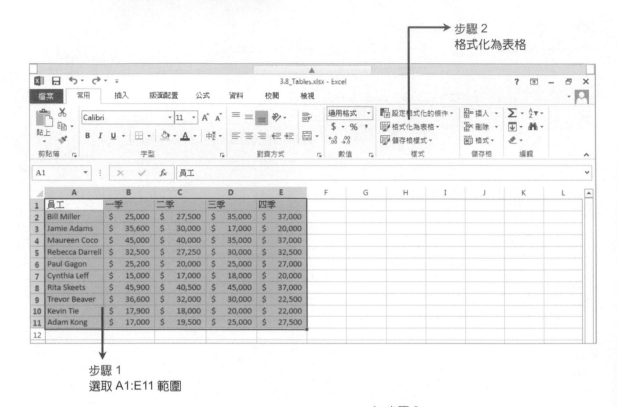

步驟 1
選取 A1:E11 範圍

步驟 3
選第 1 列第 1 格

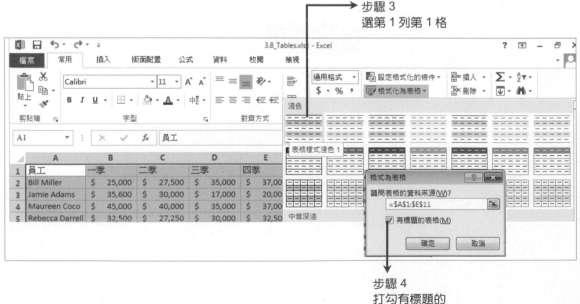

步驟 4
打勾有標題的

步驟 5
完成

8. 保護文件的設定

📑 **練習**》將活頁簿設定為完稿。（打開將活頁簿設定為完稿練習檔）

1️⃣ 按「檔案」→「資訊」→點選「保護活頁簿」→選擇「標示為完稿」，此時文件呈現「唯讀」狀況。

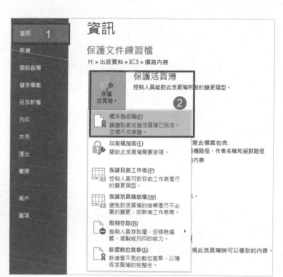

9. 排序的操作

📑**練習》** 依「遊戲種類」欄位進行遞減。（打開排序練習檔.xlsx）

1 游標停留在「遊戲種類」的欄位上→按 Z↓A 即可。

10.自訂工作表的保護範圍與限制操作

📑**練習》** 設定保護「工作表1」及變更使用者「選取鎖定的儲存格」及「選取未鎖定的儲存格」。（打開保護工作表練習檔）

1 按下「校閱」區→執行「保護工作表」。

2 將預設的「選取鎖定的儲存格」及「選取未鎖定的儲存格」的勾選取消。

結果檔（會出現以下的訊息）：

業務員銷售業績一覽表			
姓名	第一季業績	第二季業績	第三季業績	第四季業績
王玉治	2,035	1,258	2,210	2,367
林美蘭	1,986	1,756	2,036	2,201
王小豪	1,689	1,458	1,698	1,987
廖小義	2,354	1,698	2,489	2,365

Microsoft Excel

⚠ 您嘗試變更的儲存格或圖表在受保護的工作表中。

若要進行變更，請按一下 [校閱] 索引標籤的 [取消保護工作表] (您可能需要密碼)。

確定

11. 常用的函數

練習》MAX 函數：找出最大值。（打開找最大值及最小值練習檔）

1 在「資料編輯列」上輸入「＝MAX(B3:B6)」或在「常用」頁次下/編輯內的「自動加總 Σ 自動加總 ▾ 」，選擇「最大值」項目並調整其範圍。

2 滑鼠向右拖曳。

B8		× ✓ fx	=MAX(B3:B6)	
	A	B	C	D	E

	A	B	C	D	E
1	業務員銷售業績一覽表				
2	姓名	第一季業績	第二季業績	第三季業績	第四季業績
3	王玉治	2,035	1,258	2,210	2,367
4	林美蘭	1,986	1,756	2,036	2,201
5	王小豪	1,689	1,458	1,698	1,987
6	廖小義	2,354	1,698	2,489	2,365
7					
8	每季最高銷售	2,354	1,756	2,489	2,367

練習》MIN 函數：找出最小值。（打開找最大值及最小值練習檔）

1 在「常用」頁次下/編輯內的「自動加總 Σ 自動加總 ▼ 」，選擇「最小值」項目並調整其範圍。

2 調整其範圍。

B9		× ✓ fx	=MIN(B3:B6)	
	A	B	C	D	E
			MIN(number1, [number2], ...)		
1	業務員銷售業績一覽表				
2	姓名	第一季業績	第二季業績	第三季業績	第四季業績
3	王玉治	2,035	1,258	2,210	2,367
4	林美蘭	1,986	1,756	2,036	2,201
5	王小豪	1,689	1,458	1,698	1,987
6	廖小義	2,354	1,698	2,489	2,365
7	每季平均	2,016	1,543	2,108	2,230
8	每季最高銷售	2,354	1,756	2,489	2,367
9	每季最低銷售	=MIN(B3:B6)			

3 滑鼠向右拖曳。

B9		× ✓ fx	=MIN(B3:B6)	
	A	B	C	D	E
1	業務員銷售業績一覽表				
2	姓名	第一季業績	第二季業績	第三季業績	第四季業績
3	王玉治	2,035	1,258	2,210	2,367
4	林美蘭	1,986	1,756	2,036	2,201
5	王小豪	1,689	1,458	1,698	1,987
6	廖小義	2,354	1,698	2,489	2,365
7	每季平均	2,016	1,543	2,108	2,230
8	每季最高銷售	2,354	1,756	2,489	2,367
9	每季最低銷售	1,689			

E9	▼	:	✕ ✓ fx	=MIN(E3:E6)	

▲	A	B	C	D	E
1	業務員銷售業績一覽表				
2	姓名	第一季業績	第二季業績	第三季業績	第四季業績
3	王玉治	2,035	1,258	2,210	2,367
4	林美蘭	1,986	1,756	2,036	2,201
5	王小豪	1,689	1,458	1,698	1,987
6	廖小義	2,354	1,698	2,489	2,365
7	每季平均	2,016	1,543	2,108	2,230
8	每季最高銷售	2,354	1,756	2,489	2,367
9	每季最低銷售	1,689	1,258	1,698	1,987
10					

📑 **練習》COUNTA：計算非空白儲存格個數。（打開 counta 練習檔）**

1 在「資料編輯列」上輸入「=COUNTA(B3:B13)」。

B14	▼	:	✕ ✓ fx	=COUNTA(B3:B13)

▲	A	B	C	D	E
1	英漢翻譯機功能比較表				
2	**功能項目**	快譯懂	萊史康	超無敵	
3	英漢字典	★	★	★	
4	漢英字典	★			
5	俚語字典	★	★		
6	真人發音		★	★	
7	電腦連線	★	★		
8	鬧鈴提醒	★	★	★	
9	萬年日曆	★			
10	匯率換算	★		★	
11	字彙測驗		★	★	
12	電子遊戲	★		★	
13	星座命理	★		★	
14	總得分：	A(B3:B13)			
15					

2 滑鼠向右拖曳，結果如下圖。

B14	▼	:	✕ ✓ fx	=COUNTA(B3:B13)

▲	A	B	C	D
1	英漢翻譯機功能比較表			
2	**功能項目**	快譯懂	萊史康	超無敵
3	英漢字典	★	★	★
4	漢英字典	★		
5	俚語字典	★	★	
6	真人發音		★	★
7	電腦連線	★	★	
8	鬧鈴提醒	★	★	★
9	萬年日曆	★		
10	匯率換算	★		★
11	字彙測驗		★	★
12	電子遊戲	★		★
13	星座命理	★		★
14	總得分：	9	6	7
15				

12.建立圖表

📑 **練習》** 將表格資料建立一個「立體圓形圖」。（打開建立圖表練習題.xlsx）

1 選取表格→切換至「插入」→點選所要建立的圖表。

13.圖表的編輯與格式化

📑 **練習》** 建立一個折線圖並顯示資料。（打開圖表格式化練習題.xlsx）

1 點選「+」→打勾「資料標籤」→點選「上」，表示資料會顯示在上方（其餘則以此類推）。

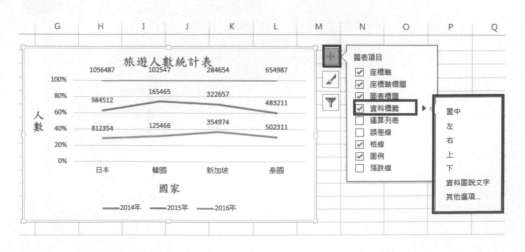

 課後評量

( )1. 在 Excel 中，要使用滑鼠點選的方式，來圈選多個連續的儲存格，可搭配下列哪個按鍵？

(A)Ctrl　(B)Shift　(C)Alt　(D)Alt + Ctrl

( )2. 下列何者不是 Microsoft Excel 的主要功能？

(A)編輯、計算資料　　　　　　　　(B)分析、管理資料
(C)統計管理　　　　　　　　　　　(D)建立關聯式資料庫

( )3. 在 Excel 中，以下何者為正確的儲存格名稱？

(A)「F123」　(B)「1B2」　(C)「456」　(D)「BCD」

( )4. 在 Microsoft Excel 工作表中，若儲存格 A1,A2,A3 的數值資料分別為 20,50,30，則在儲存格 A4 中輸入何者之運算結果為 50？

(A)=COUNT(A1,A3)　　　　　　　(B)=IF(A2=50,"A1","A3")
(C)=MAX(A1,A3)　　　　　　　　(D)=SUM(A1,A3)

( )5. 下表的 Excel 表格中，若儲存格 A3 中存放公式「=A1+$A$2」，我們將此儲存格複製後貼到儲存格 B3，則儲存格 B3 的公式計算值為何？

(A)110　(B)130　(C)150　(D)170

	A	B
1	40	80
2	70	90
3		

( )6. 在 Microsoft Excel 工作表中，若儲存格 A1,A2,A3,A4 的數值資料分別為 -2,3,-4,5，則在儲存格 A5 中輸入何者之運算結果不是 2？

(A)=$A$4-$A$2　(B)=COUNT(A2:A3)　(C)=MIN(A1:A4)　(D)=SUM(A1:A4)

( )7. 假設儲存格公式為「=ROUNDUP(123.45,1)+ROUNDDOWN(123.45,1)」，則計算結果為下列何者？

(A)243.4　(B)246.9　(C)246.95　(D)247.0

(　　)8. 假設在儲存格 D2 輸入公式「=AVERAGE(G1:H7)」後，運算結果顯示 8。若利用選擇性貼上功能，僅複製該儲存格的「值」至儲存格 C3，則儲存格 C3 顯示的內容為何？

(A)8　(B)=AVERAGE(G1:H7)　(C)=AVERAGE(F2:G8)　(D)0

(　　)9. 在儲存格 A1:E2 依序輸入 1～10 等 10 個數字，則公式「=SUMIF(A1:E2,"<=6")」的運算結果為何？

(A)5.5　(B)21　(C)55　(D)120

(　　)10. 下方的 Excel 表格中，若在儲存格 D1 輸入公式「=B$2+$C$1*C$2」，再複製 D1 的公式至儲存格 C3，請問 C3 的結果為？

(A)22　(B)63　(C)85　(D)217

	A	B	C
1	6	15	9
2	22	7	18

(　　)11. 下方的 Excel 表格中，C1=AVERAGE(A1:A3)，C2=SUM(A1:C1)，則 C2 顯示的運算結果為何？

(A)450　(B)500　(C)600　(D)1000

	A	B	C
1	100	300	
2	200	2	
3	300	0.5	

(　　)12. 以下何種圖表僅可表示一組資料數列？

(A)折線圖　(B)圓形圖　(C)XY 散佈圖　(D)雷達圖

(　　)13. 在 Excel 2013 中，利用插入圖表功能所插入的圖表，預設位置為：

(A)作用中工作表　(B)新工作表　(C)新活頁簿　(D)第 1 張工作表

(　　)14. Excel 軟體不支援下列何種圖表類型？

(A)橫條圖　(B)甘特圖　(C)直條圖　(D)圓形圖

(　　)15. 若要設定文件中的第 1、3、5、…頁與第 2、4、6、…頁的「頁首」內容不同，應利用「頁首及頁尾工具設計」標籤中哪一個功能來設定？

(A)首頁不同　(B)對齊頁面邊界　(C)奇偶頁不同　(D)移至頁首

( )16. 按自動篩選鈕後，若沒有適合的篩選準則，可選按下列哪一個選項來設定篩選條件？

    (A)全選   (B)數字篩選/前 10 項

    (C)數字篩選/後 10 項   (D)數字篩選/自訂篩選

( )17. 下列何者可透過資料剖析功能來達成？

    (A)將儲存格內容跨欄顯示在多個儲存格

    (B)將多個儲存格內容合併顯示在一個儲存格中

    (C)將單一儲存格中的資料，分列存放在多個儲存格

    (D)將單一儲存格中的資料，分欄存放在多個儲存格

( )18. 下列何者為 Excel 2013 範本檔案預設的格式？

    (A)xlsx   (B)xltx   (C)txt   (D)html

( )19. Excel 儲存格位址「B2」代表？

    (A)第 2 列第 B 欄   (B)第 B 列第 2 欄

    (C)B2 工作表內的儲存格   (D)第 B 欄的前 2 個儲存格

( )20. 在 Excel 中，如果將資料的類別格式自訂為 "00.0"，則在儲存格輸入 "9.55" 後，會顯示下列哪一個結果？

    (A)09.6   (B)09.55   (C)9.55   (D)9.6

答案

1.(B)   2.(D)   3.(A)   4.(D)   5.(C)   6.(C)   7.(B)   8.(A)   9.(B)   10.(C)

11.(C)   12.(B)   13.(A)   14.(B)   15.(C)   16.(D)   17.(D)   18.(B)   19.(A)   20.(A)

3-4 資料庫 ACCESS 操作

一、資料儲存單位由小到大

單位名稱	重點說明
Bit（位元）	(1) 由 0 與 1 所組成 (2) 最小電腦資料儲存單位 (3) 1 個 bit 相當於 1 個正反器
Byte（位元組）	(1) 由 8bit 所組成 (2) 1 個 Byte 可存 1 個文數字（character） (3) 電腦資料處理(DP)的最小單位 (4) 為記憶體容量單位，例 256MB＝256*2^{20} Byte
Word （字組/字語）	(1) 長度依機器種類而有所不同 (2) 長度、準確度與速度皆有關係 (3) CPU 內部處理計算單位
Item（項） Field（欄位）	
Record（記錄）	(1) 字元→欄→錄→檔→庫 (2) 邏輯錄：使用者在程式（主記憶體）中一次存取的資料錄 (3) 實體錄：將邏輯錄組成為實體錄並一次存取到儲存設備
File（檔案）	(1) 資料檔依用途分為： 　①主檔（Master File）：儲存需長久儲存的完整資料 　②異動檔（Transaction File）：儲存異動項目的部份資料 　③備份檔（Backup File）：為安全應保留三代 (2) 依作用分為輸入、輸出、輸出入檔 (3) 依存取方式分為順序、隨機、索引順序檔

單位名稱	重點說明
Data Base（庫）	(1) 透過 DBMS（資料庫管理系統）來管理 (2) 結構：階層式、網狀式、關聯式、物件導向式（OODB）

二、檔案的觀念

1. 依存取資料方式分為

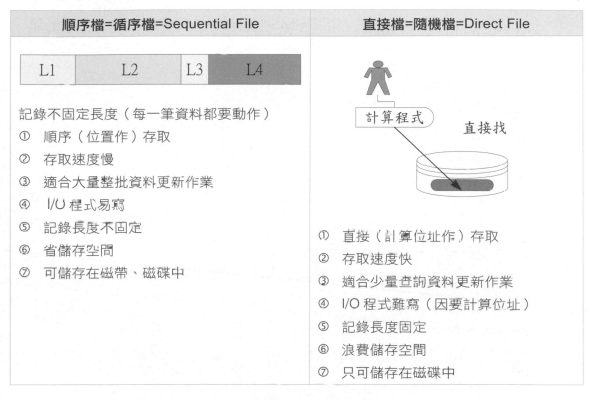

順序檔=循序檔=Sequential File	直接檔=隨機檔=Direct File
記錄不固定長度（每一筆資料都要動作） ① 順序（位置作）存取 ② 存取速度慢 ③ 適合大量整批資料更新作業 ④ I/O 程式易寫 ⑤ 記錄長度不固定 ⑥ 省儲存空間 ⑦ 可儲存在磁帶、磁碟中	① 直接（計算位址作）存取 ② 存取速度快 ③ 適合少量查詢資料更新作業 ④ I/O 程式難寫（因要計算位址） ⑤ 記錄長度固定 ⑥ 浪費儲存空間 ⑦ 只可儲存在磁碟中

2. 索引順序檔＝直接＋順序

● 索引需排序過，像每本書的目錄及頁次，方便搜尋，當找到每章的所在位置，再順序尋找所要的部份。

● 將直接檔與順序檔之精華集為一身。

● 速度：隨機（直接）＞索引順序＞順序

● 省記憶空間：順序＞索引順序＞隨機（直接）

● 只能存在磁碟中，不可存在磁帶，因為索引是直接找位置，而磁帶無法做到。

三、資料庫

1. 使用資料庫的優、缺點

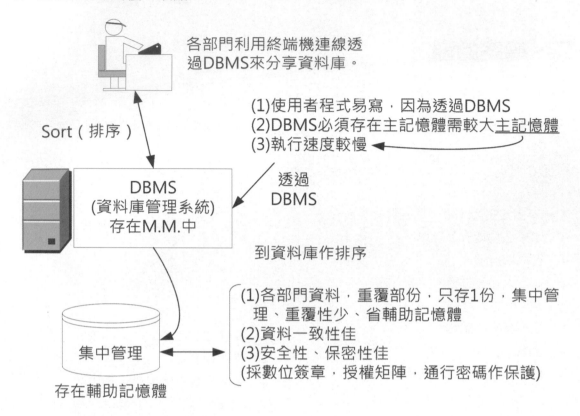

各部門利用終端機連線透過DBMS來分享資料庫。

Sort（排序）

DBMS
(資料庫管理系統)
存在M.M.中

透過
DBMS

(1)使用者程式易寫，因為透過DBMS
(2)DBMS必須存在主記憶體需較大<u>主記憶體</u>
(3)執行速度較慢

到資料庫作排序

集中管理

存在輔助記憶體

(1)各部門資料，重覆部份，只存1份，集中管理、重覆性少、省輔助記憶體
(2)資料一致性佳
(3)安全性、保密性佳
(採數位簽章，授權矩陣，通行密碼作保護)

2. 資料庫的結構種類

結構	說明	
階層式 Hierarchical Model	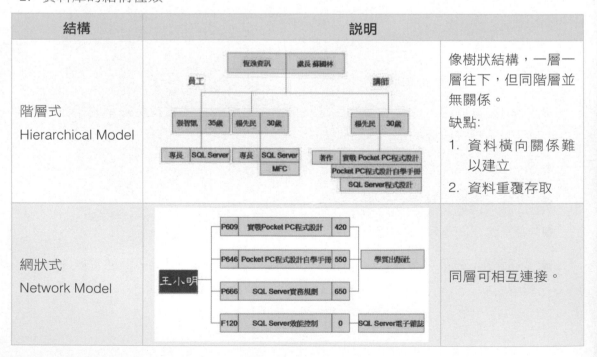	像樹狀結構，一層一層往下，但同階層並無關係。 缺點： 1. 資料橫向關係難以建立 2. 資料重覆存取
網狀式 Network Model		同層可相互連接。

結構	說明
關聯式 Relational Model （目前使用最廣）	1. 主要以表格的方式來表示資料，而表格中各元素之間相互關係。 2. 使用 SQL 語言當作標準查詢語言。 3. 「正規化」主要將重覆的資料欄位消除，避免資料庫不一致，增加資料庫的穩定性。 4. Microsoft Access 是一個資料庫應用程式，其主要鍵（Primary Key）欄位中，不允許出現重覆資料。目前市面有 Access、Dbase、Foxpro、Sybase、Xbase、DB2、Oracle、Informix。 如下圖： 圖 1-6 關聯式資料庫關聯圖
物件導向資料庫 （Object-Oriented Database）	1. 是一種新的資料庫架構。 2. 利用物件導向方法設計資料庫。 3. 每個東西都是物件。 4. 具有繼承、封裝以及多型的觀念。 5. 資料庫物件的再利用性提高。 6. 物件導向式資料庫 = 物件導向 + 資料庫的能力。

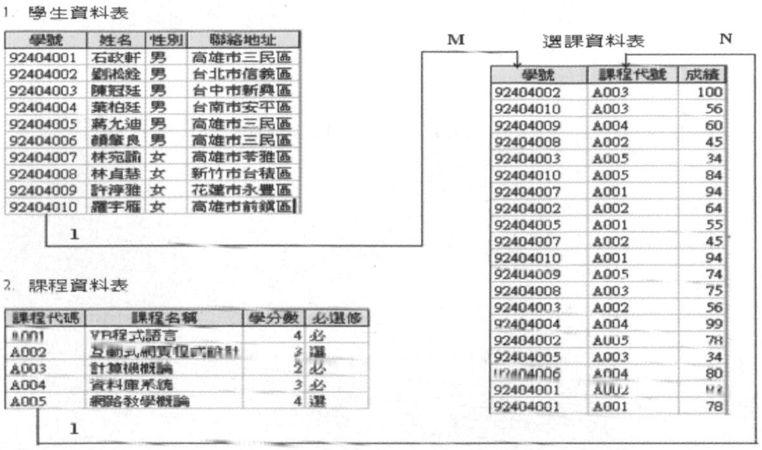

四、SQL 語法介紹

1. 資料庫系統

　　資料庫為許多資料的集合，即一個可以存放大量資料集合的地方，而資料庫管理系統（DBMS）則為提供使用者有效率且方便的對資料庫進行管理的介面，一般使用者可能不了解資料庫內部實際運作，只要透過標準查詢語法，即可查詢、更新資料。

　　為了達到各資料庫之間的溝通，因此 SQL 為標準的資料庫上共同的語法，以便讓使用者更方便管理與處理。

2. SQL 語法包括以下三部分

1. 資料操作語言（Data Manipulation Language，DML），是在 SQL 資料庫程式語言當中，用來處理資料異動的指令，包括了新增資料的 Insert Into、刪除資料的 Delete、修改資料的 Update 與讀取資料的 Select 等指令，是 SQL 程式語言的核心指令。

2. 資料定義語言（Data Definition Language，DDL），這個語言當中的指令都是用來定義資料庫的表格結構、欄位名稱、欄位型態以及欄位長度等，在 SQL 結構化查詢語言當中，屬於 DDL 的範圍有建立表格的 Create Table、建立索引檔的 Create Index、修改表格結構的 Alter Table、刪除表格的 Drop Table 與轉換表格的 Transform 等。

3. 資料控制語言（Data Control Language，DCL）可執行資料庫之安全性。

五、正規化

何謂正規化（Normalization）？正規化（Normalization）是一種資料庫設計之過程（Process），這種過程在於免除資料被使用時所可能產生的異常。正規化必須至少達到第三階的正規化格式。

1. **第一正規化（First Normal Form）**：能滿足「每個欄位只能含有一個值」條件。在記錄中，每一個欄位只能有一個值。

致勝高職成績單	
蔡一民 學號：815001	
400 綜一 4	
S5302	89 分
S5345	90 分
S8005	78 分
S3581	80 分
M1201	65 分
M5251	95 分

致勝高職成績單	
王二豪 學號：815002	
800 綜一 8	
S5302	88 分

致勝高職成績單	
廖三義 學號：815003	
300 綜一 3	
S5302	98 分
S5345	90 分
S3581	84 分
M5251	85 分

學號	姓名	班級	班級代號	科目代號	成績
815001	蔡一民	綜一4	400	S5302	89
				S5345	90
				S8005	78
				S3581	80
				M1201	65
				M5251	95
815002	王二豪	綜一8	800	S5302	88
815003	廖三義	綜一3	300	S5302	98
				S5345	90
				S3581	84
				M5251	85

正規化後：原始表格，將表格命名為「成績單」：

學號	姓名	班級	班級代號	科目代號	成績
815001	蔡一民	綜一4	400	S5302	89
815001	蔡一民	綜一4	400	S5345	90
815001	蔡一民	綜一4	400	S8005	78
815001	蔡一民	綜一4	400	S3581	80
815001	蔡一民	綜一4	400	M1201	65
815001	蔡一民	綜一4	400	M5251	95
815002	王二豪	綜一8	800	S5302	88
815003	廖三義	綜一3	300	S5302	98
815003	廖三義	綜一3	300	S5345	90
815003	廖三義	綜一3	300	S3581	84
815003	廖三義	綜一3	300	M5251	85

結果探討：在同一學生只能選修同科目一次的條件下，「學號」加上「科目代號」可以做為「成績單」的主鍵（Primary key）。我們以下圖來說明主鍵與其他欄位之間在功能上的相依關係（Functional Dependency）：

「成績單」以（學號、科目代號）為 主鍵值（Primary key），但從上圖看來，有三項「功能相依」關係是錯誤的，「班級」與「班級代號」的值、「科目代號」絲毫無關。

在此架構下將產生下列問題：

(1) 無法單獨新增一筆學生資料。因為「科目代號」是主鍵之一，不能為空值（Null）；因此，一個未修習任何課程學生的資料，將無法寫入「成績單」。（我們要新增學生資料，但是因為沒有目前還沒修任何科目，結果不能新增，因為科目代號是主鍵）

(2) 無法單獨刪除一筆成績資料。如果我們打算刪除（815002, S5302）這筆資料的話，該生的班級資料也將一併消失。（我們只是刪除成績，結果連學生資料也刪除了）

(3) 需要同步異動的資料太多。假如 815001 這個學生轉班，那麼我們得異動其中的 6 筆紀錄。（要同時更改學生的班級，萬一少改一筆資料，造成資料不一致）

因此，我們得繼續進行 2NF。

2. **第二正規化（Second Normal Form）：消除部份相依**

● 說明：滿意第一正規化後，要主鍵的欄位都要對主鍵有「完全地功能性相依（Fully Functional Dependency）」關係，才能算是達到第二正規化。

● 備註：何謂主鍵（Primary Key）？在欄位中，不允許出現重覆資料，符合唯一性，例如在戶政資料庫中以身份證字號當作主要鍵，因為是唯一性。

成績單

學號	姓名	班級	班級代號	科目代號	成績
815001	蔡一民	綜一 4	400	S5302	89
815001	蔡一民	綜一 4	400	S5345	90
815001	蔡一民	綜一 4	400	S8005	78
815001	蔡一民	綜一 4	400	S3581	80
815001	蔡一民	綜一 4	400	M1201	65
815001	蔡一民	綜一 4	400	M5251	95
815002	王二豪	綜一 8	800	S5302	88
815003	廖三義	綜一 3	300	S5302	98
815003	廖三義	綜一 3	300	S5345	90
815003	廖三義	綜一 3	300	S3581	84
815003	廖三義	綜一 3	300	M5251	85

在正規化之後，我們將表格「成績單」一分為二，並分別命名為「班級檔」與「成績檔」：

班級檔

學號	姓名	班級	班級代號
815001	蔡一民	綜一 4	400
815002	王二豪	綜一 8	800
815003	廖三義	綜一 3	300

成績檔

學號	科目代號	成績
815001	S5302	89
815001	S5345	90
815001	S8005	78
815001	S3581	80
815001	M1201	65
815001	M5251	95
815002	S5302	88
815003	S5302	98
815003	S5345	90
815003	S3581	84
815003	M5251	85

結果探討：在經過 2NF 之後，先前的「無法單獨新增一筆學生資料」與「無法單獨刪除一筆成績資料」問題都解決了。我們再看看下圖各欄位和主鍵之間在功能上的相依關係。（Functional Dependency）：

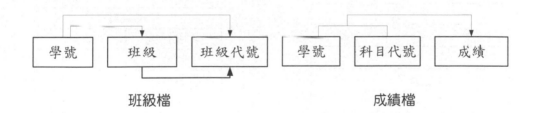

班級檔　　　　　　　　　　　　　　成績檔

在一個表格中，如果某一欄位值可決定其他欄位值；而這些欄位中又存在某一欄位可以決定剩餘欄位的值，稱為「遞移相依性（Transitive Dependency）」。若有此一情況發生，在異動資料時，可能會造成其他資料不一致的現象。

在「班級檔」就有「遞移相依性」關係存在：班級檔.學號→班級檔.班級、班級檔.班級→班級檔.班級代號 。

在這樣的架構下，將產生下列問題：

(1) 無法單獨新增一筆班級資料。因為「學號」是主鍵，不能為空值（Null）；因此，若無任何學生居住的某個班級，其班級代號資料將無法被事先建立。

(2) 無法單獨刪除一筆學生資料。如果我們打算刪除 815002 這筆資料的話，該生所在的綜一 8 班級代號資料也將一併消失。

(3) 仍有需要同步異動的資料。假如綜一 4 的班級代號修改了，且住在該地區的學生又不只一位時，那麼我們又得異動多筆紀錄了。

3. **第三正規化（Third Normal Form）**：消除遞移相依

- 說明：消除「遞移相依」現象，意即非主鍵的欄位之間沒有「完全地功能性相依」關係，才能算是達到第三正規化。已合乎 2NF 的表格班級檔：

班級檔			
學號	姓名	班級代號	班級
815001	蔡一民	400	綜一 4
815002	王二豪	800	綜一 8
815003	廖三義	300	綜一 3

在正規化之後，我們將表格 班級檔 再度一分為二，並分別命名為 C1 與 C2：

學生檔		
學號	姓名	班級
815001	蔡一民	綜一 4
815002	王二豪	綜一 8
815003	廖三義	綜一 3
C1		

班級檔	
班級代號	班級
400	綜一 4
800	綜一 8
300	綜一 3
C2	

在經過 3NF 之後，先前的「無法單獨新增一筆班級資料」與「無法單獨刪除一筆學生資料」的問題都解決了，需要同步異動大量資料的情況似乎也不復存在了。我們再以表格與欄位間的相依關係來看看正規化的結果：

學生檔

學號	姓名	班級代號
815001	蔡一民	400
815002	王二豪	800
815003	廖三義	300

班級檔

班級代號	班級
400	綜一 4
800	綜一 8
300	綜一 3

成績檔

學號	科目代號	成績
815001	S5302	89
815001	S5345	90
815001	S8005	78
815001	S3581	80
815001	M1201	65
815001	M5251	95
815002	S5302	88
815003	S5302	98
815003	S5345	90
815003	S3581	84
815003	M5251	85

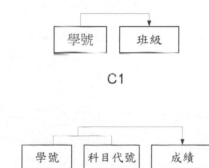

C1

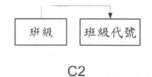

C2

B2

4. **BCNF**：由 Boyce、Codd 兩人根據 3NF 的缺失進行改善，使得每個決定因素都候選鍵，消除異常情形。

5. **第四正規化**：解決多值相依的問題

一般表格進行至第三正規化時，多半沒有什麼狀況了；倘若仍有異常狀況發生，則需繼續進行 BCNF，甚至於 4NF 與 5NF，關於這個部份請自行參閱相關書籍。

正規化只是建立資料表的原則，並不是一定要執行。如果過度正規化，反而導致資料存取的效率下降。有時在優先考量執行效率的前提下，還必須做適當的反正規化（Renormalize）。

重點整理：

正規化格式	意義	説明
NF	消除複合及重複欄位	使每個欄位都是單一值 將資料表做垂直分割以消除重複資料
NF	消除部份相依性	消除部份相依 消除非鍵欄位與主鍵間部份功能相依，或不相依者
NF	消除第一相依性	消除遞移相依
CNF	決定因素為鍵值	
NF	消除多重相依	多重相依

六、實體關聯圖（ERD）

1. 實體聯繫模式圖（ERD）（英語：Entity-relationship model）由美籍華裔電腦科學家陳品山發明，是概念資料模型的高層描述所使用的資料模型或模式圖。

2. ER 模型常用於資訊系統設計中；比如它們在概念結構設計階段用來描述資訊需求和／或要儲存在資料庫中的資訊的類型。但是資料建模技術可以用來描述特定論域的任何本體。

3. 在基於資料庫的資訊系統設計的情況下，在後面的階段，概念模型要對映到邏輯模型如關係模型上。

範例 1：下圖是課程選課管理系統的 ERD

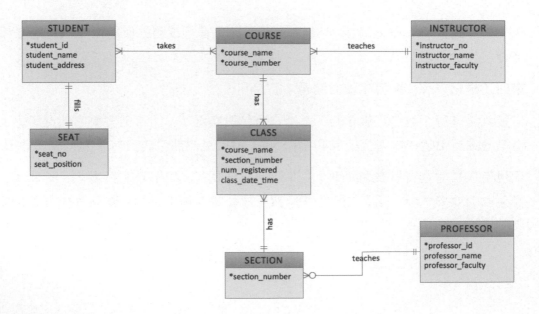

範例 2：下圖是公司銷售報價的 ERD

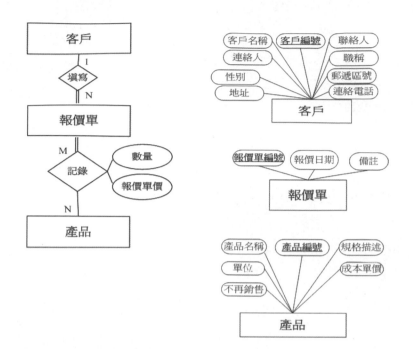

有關關聯式資料表的特性何者為真？

(1) 每個欄位有不同的屬性名稱
(2) 所有的項目在特定的欄位內能有不同的資料
(3) 資料列的順序很重要
(4) 屬性順序很重要

本題答案 1

哪一個會是一個資料庫表格的好的主索引鍵？

(1) 學號
(2) 出生日期
(3) 姓氏
(4) 學業成績

本題答案 1

根據關連圖表，哪一個陳述是真實的？

(1) 每一個託運人只能託運一筆訂單
(2) 每一個訂購只有一張與其有關的發票
(3) 每一個顧客有一張發票
(4) 每一個員工應負責多項訂購

本題答案 4

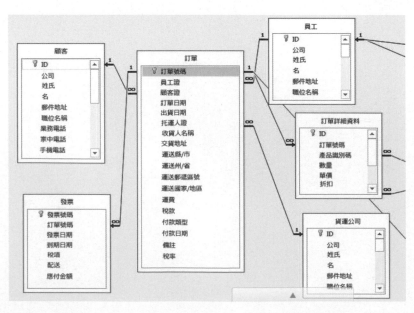

在實體關聯圖（ERD）內，哪一個是查閱「訂單」資料表的外部索引鍵？

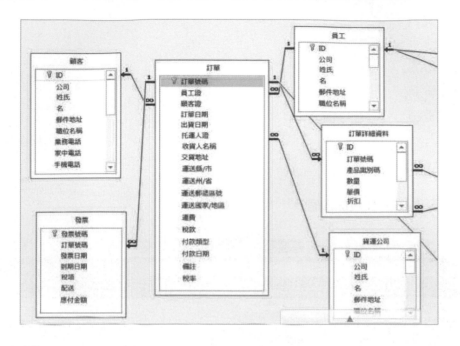

(1) 只有員工編號、客戶編號、託運編號

(2) 客戶編號、託運編號

(3) 只有訂單編號和客戶編號

(4) 訂單編號、員工編號、客戶編號、託運編號

(本題答案) 1

下列選項中哪一個可被視為資料？（選擇四項）

(1) 課程表

(2) 課本

(3) 學號

(4) 隨身碟

(5) 考試成績

(6) 郵遞區號

(7) Google Drive

(8) 公司標誌

(本題答案) 1,3,5,6

題型6

哪三個項目是說明中繼資料的使用？（選擇三項）

(1) 分類資料

(2) 找尋特別資料

(3) 顯示資料

(4) 讀取資料

(5) 排序資料

本題答案 3,4,5

題型7

選擇能利用資料庫的網頁的層面。

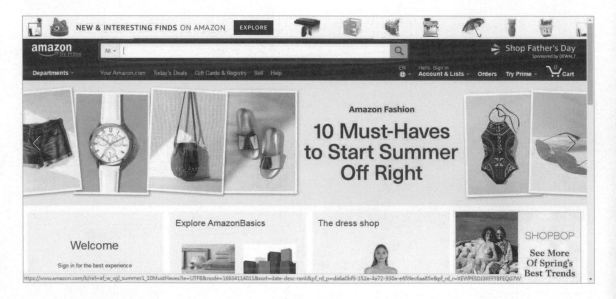

3-5 簡報設計 POWERPOINT 操作

一、PowerPoint 的工作環境

1. 檢視模式

可分為以下 5 種模式：

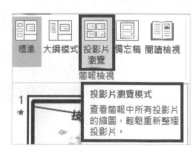

2. 新增/交換投影片

範例要求：在第 3 張與第 4 張之間插入一個投影片。（打開新增投影片練習）

1 將游標放在第 3 張與第 4 張之間→按滑鼠右鍵→點選「新增投影片」。

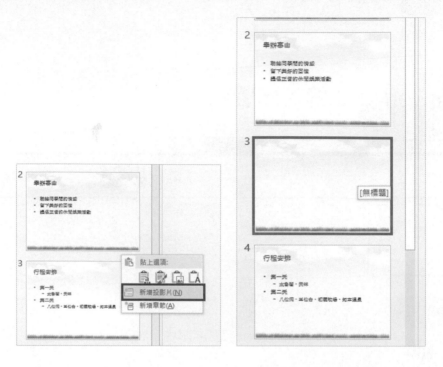

📑 **練習**》將第 2 張與第 3 張投影片互換。（**打開投影片互換練習**.pptx）

1 按 ▦ (投影片瀏覽)→點選第 3 張投影片→按住「滑鼠左鍵」不動→向上移動，即可完成。

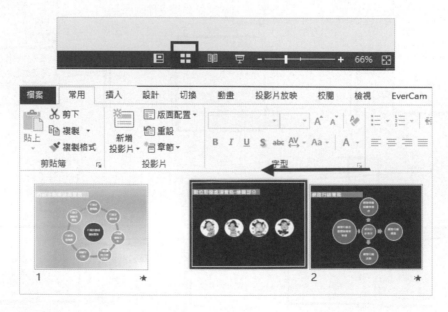

3. 列印

📑 **練習》** 將簡報列印設定成「備忘稿」項目，列印色彩為「純粹黑白」。
（打開列印設定練習）

1 按「檔案」→「列印」→在「列印版面配置」選擇「備忘稿」→選擇「純粹黑白」。

 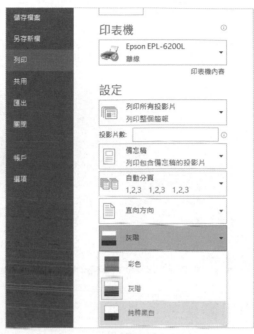

4. 備忘稿

📑 **練習》** 將簡報的「備忘稿」隱藏起來。（打開列印設定練習.pptx）

1 將游標放在「備忘稿」內→切換至「檢視」內的「顯示」→按一下「備忘稿」，即可將「備忘稿」隱藏起來。

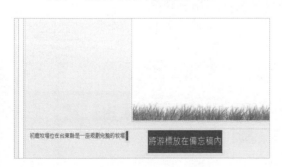 

5. 圖案的編輯技巧

練習》將圖中的 4 張圖片由「圓角矩形」變更成「橢圓」。(打開剪裁練習.pptx)

1 點選圖片→利用剪裁→剪裁成橢圓工具。

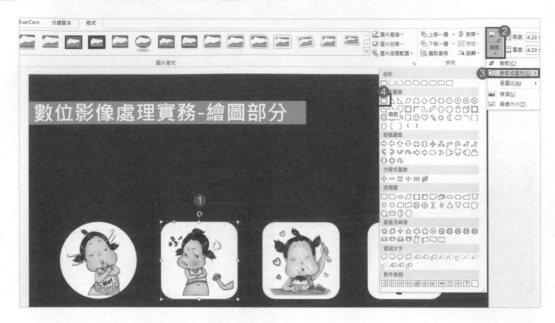

6. 如何變更投影片的背景

練習》設定投影片背景。

1 切換至「設計」→選擇「背景格式」→點選「圖片或材質檔案」→點選檔案→按「全部套用」。(打開變更背景練習.pptx)

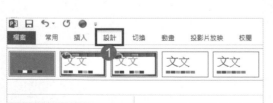

練習》 設定投影片漸層背景（矩形）。

1 切換至「設計」→選擇「背景格式」→點選「漸層填滿」→點選「矩形」→按「全部套用」。（打開變更漸層背景練習.pptx）

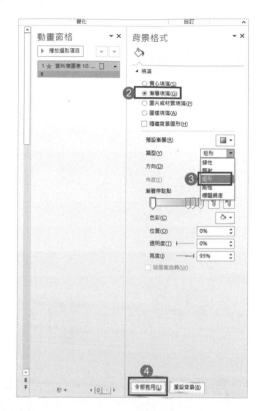

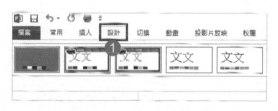

7. 投影片切換

練習》 將所有投影片套用「推入」切換、效果選項「自下」、每隔「3 秒」切換。（打開投影片切換練習.pptx）

1 換至「切換」→選擇「推入」→在效果選項內點選「自下」→〉設定「3 秒」→按下「全部套用」。

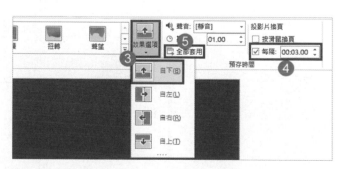

8. 投影片動畫

📋 **練習》**將所有投影片套用「擦去」的動畫效果、開始的方式：「按一下」且只出現一個項目。（打開動畫設定練習.pptx）

1️⃣ 換至「動畫」→選擇「擦去」→在效果選項內點選「一個接一個」→開始：設定「按一下」。

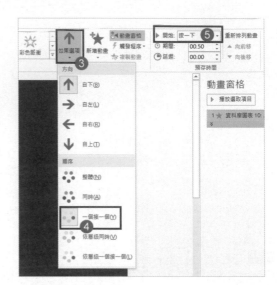

9. 套用版面配置

📋 **練習》**將第 2 張投影片套用「含標題的內容」版面配置。
（打開套用版面配置練習.pptx）

1️⃣ 點選第 2 張投影片→切換至「常用」\「版面配置」→選擇「含標題的內容」。

10.投影片放映

📑 **練習》使用排練計時來切換投影片。（打開投影片排練練習.pptx）**

1 切換至「投影片放映」→選「排練時間」即可。

課後評量

( )1. 在 PowerPoint 中，無法透過下列哪一種檢視模式或工作窗格來調整投影片的順序？

(A)投影片窗格　(B)投影片瀏覽模式　(C)閱讀檢視　(D)大綱窗格

( )2. 田品冊早 請問工具列上的四模式，下列哪一不在其中？

(A)標準檢視　(B)瀏覽模式　(C)大綱模式　(D)放映模式

( )3. 在 PowerPoint 2013 環境中，其所編輯的內容無法被儲存成下列哪一種檔案格式？

(A).ppt　(B).ppsx　(C).gif　(D).wav

( )4. 下列哪一種操作方式可讓簡報從目前的投影片開始放映？

(A)按 冊 鈕　(B)按 F5 鍵　(C)按 早 鈕　(D)按 Alt + W 鍵

( )5. 下列有關簡報製作的敘述，何者錯誤？

(A)統一文字樣式，可使整份簡報的風格一致

(B)動畫效果過多，容易影響簡報的進行

(C)文字與背景的色彩，必須對比明顯

(D)為尊重智慧財產權，投影片內容應完整引用原蒐集來的文字，不得自行擷取重點文字

( )6. 老師課堂授課、學生進行專題報告、公司舉辦新產品發表會等口頭報告場合，較適合使用下列哪一種應用軟體，以多媒體形式動態呈現報告主題？

(A)簡報軟體　(B)文書處理軟體　(C)電子試算表軟體　(D)資料庫管理軟體

( )7. 在投影片母片中，設定標題的字型為 "華康中黑體" 後，接著在投影片母片的「標題及物件」版面配置中，設定標題的字型為 "新細明體"，則下列有關該份簡報的字型敘述，何者正確？

(A)套用「標題及物件」版面配置的投影片，其標題字型預設為新細明體

(B)新增的投影片，其標題字型預設為華康中黑體

(C)簡報中所有投影片的標題字型，全部改成標楷體

(D)只有第 2 張投影片的標題被改為新細明體

( )8. 為避免投影片中的條列項目過於擁擠，我們可以透過下列哪一個功能，將段落的前後距離加大？

(A)項目符號及編號 　(B)分行 　(C)行距 　(D)字型

( )9. 在 PowerPoint 中，若設定以「連結」的方式來插入外部物件（如 Excel 圖表），當該外部物件的資料內容更改時，對簡報中插入的物件會有何影響？

(A)資料內容自動更新 　　　　　　　(B)資料內容維持不變
(C)會顯示資料遺失的訊息 　　　　　(D)資料內容會無法顯示

( )10. 在簡報放映中，如果要清除畫筆所標注的文字或線條，可按鍵盤上的哪一個按鍵？

(A)Esc 鍵 　(B)E 鍵 　(C)Ctrl 鍵 　(D)Delete 鍵

( )11. 在簡報的第 2 張投影片中，點選切換配置列示窗中的「百葉窗」切換效果，則 PowerPoint 會為簡報中的哪一張投影片加入切換效果？

(A)第 1 張 　(B)第 2 張 　(C)最後一張 　(D)所有投影片

( )12. 在 PowerPoint 中，下列有關簡報放映所使用的按鍵敘述，何者有誤？

(A)Page Up：切換至下一頁 　　　　(B)Esc：取消放映
(C)Shift＋F5：從目前投影片開始放映 　(D)←：切換至上一頁

( )13. 在列印 PowerPoint 簡報資料時，將列印範圍設定為 "8-10"，其效果與下列哪一種指定列印範圍相同？

(A)8,10 　(B)8,9,10 　(C)1-10 　(D)8-9-10

( )14. 在檢視簡報中的第 5 張投影片時，按 F5 鍵，會發生下列哪一種情形？

(A)簡報從第 1 張投影片開始放映
(B)簡報從第 5 張投影片開始放映
(C)第 5 張投影片被設為隱藏
(D)切換至投影片瀏覽模式

( )15. 下列何者非簡報軟體的目的？

(A)快速展現資訊 　　　　　　　　　(B)簡單明瞭地表達意念
(C)以有效的方式做報告 　　　　　　(D)儲存大量資料

( )16. 請依據簡報製作流程，選出正確的順序： a.製作投影片 b.排練及調整簡報內容 c.擬定簡報大綱 d.確定簡報主題 e.蒐集相關資料

(A)decab (B)abedc (C)edacb (D)abced

( )17. PowerPoint 2013 預設的檔案格式為：

(A)pptx (B)html (C)ppsx (D)potx

( )18. 下列何者不是母片的種類？

(A)投影片母片 (B)大綱母片 (C)講義母片 (D)備忘稿母片

( )19. 若將簡報中第 2 張投影片的標題字型大小更改為 "32"，接著設定投影片母片的標題字型大小為 "40"，請問之後新增之投影片的標題字型大小應為？

(A)32 (B)40 (C)72 (D)80

( )20. 以 Microsoft PowerPoint 軟體製作簡報時，若要將某產品商標的圖案顯示在每一張投影片的右下方，下列何者是最有效率的方法？

(A)將商標的圖案加入投影片的母片中，再套用到所有的投影片
(B)將商標的圖案加入備忘稿中
(C)在投影片的頁首、頁尾的設定中，加入商標的圖案
(D)修改投影片的版面設定

答案

1.(C) 2.(C) 3.(D) 4.(C) 5.(D) 6.(A) 7.(A) 8.(C) 9.(A) 10.(B)
11.(B) 12.(A) 13.(B) 14.(A) 15.(D) 16.(A) 17.(A) 18.(B) 19.(B) 20.(A)

3-6 App 文化

APP 商店	簡介
App Store	蘋果公司為其 iPhone、iPod Touch 以及 iPad 等產品建立和維護的數位化應用發行平台，允許使用者從 iTunes Store 瀏覽和下載一些由 iOS SDK 或者 Mac SDK 開發的應用程式。根據應用發行的不同情況，使用者可以付費或者免費下載。應用程式可以直接下載到 iOS 裝置，也可以透過 Mac OS X 或者 Windows 平台下的 iTunes 下載到電腦中。
Google Play	是由 Google 為 Android 所開發的數位化應用發布平台，包括數位媒體商店。它作為 Android 作業系統的官方應用商店，允許用戶瀏覽和下載使用 Android SDK 開發並透過 Google 發布的應用程式。 Google Play 也是數位媒體商店，提供音樂，雜誌，書籍，電影和電視節目。
Windows Store	微軟為 Windows 8、10 及其以上版本引入的功能，允許程式開發商在此發布應用程式。用戶可在此購買所有 Metro UI 應用程式及部份傳統應用程式、現代化應用程式。

題型 1

你不小心從你的裝置中刪除了一個 app，你如何還原刪除的 app？

(1) 從 app 商店中再購買一次

(2) 從賣者的網站再下載 app

(3) 從垃圾筒中還原

(4) 從 app 商店中再下載一次

本題答案 1

把裝置配對到購買 apps 的預設程式。

裝置	Google Play	App Store	Windows Store	Amazon Appstore
iPhone/iPad mini/iPod		✓		
Galaxy Tab S/	✓			
Surface Pro			✓	
Kindle Fire				✓

請排出從購買到開啟一個新的 APP 順序。

1.連結至商店

2.尋找app

3.選擇app

4.選擇購買選項

5.確定登入資訊

6.開啟app

請將工作配對其應用程式。

工作	Microsoft Excel	Microsoft Powerpoint	Microsoft Word	Google Chrome	Adobe Photoshop
從預錄報告中做一個影片		✓			
執行基本數學計算	✓				
在報告內容中加入動畫		✓			
在網路上尋找圖像和影片				✓	
將客戶資料合併列印成信件			✓		
最適合編輯及修改影像					✓

A-1　如何參加認證

國際性 IC3（Internet and Computing Core Certification）合格認證中心統稱為授權考試中心，認證中心分為下列二種：

- 校園認證中心

    專門辦理學校單位之參加認證考試各項事宜，並設有認證課程教學。若有考試報名需求請逕行向學校洽詢或洽 Certiport 台灣區代理商-碁峰資訊諮詢 www.gotop.com.tw

- 一般認證中心

    辦理社會人士及學生參加認證考試事宜及認證課程教學，若有考試報名需求請洽 Certiport 台灣區代理商-碁峰資訊諮詢 www.gotop.com.tw　服務電話：(02)2788-2408。

A-2　考前準備事項（含考試環境說明）

認證考試前必知重點

1. 註冊部分：第一次參加 IC3 認證的考生，請於考試前至 Certiport 網站 http://www.certiport.com/註冊，並同意保密協定及隱私權保護。

2. 請牢記於 Certiport 網站登錄的使用者名稱與密碼，以便用於考試中心登入。

進入考場時注意事項

1. 身分驗證：參加考試的考生，必須攜帶有照片的相關證件之正本，確認身分後就依序入座，參加認證考試。

2. 考生須自行檢查：❶ 確認鍵盤與滑鼠是否可用、中文輸入法❷ 依考試中心監評人員指示，進行檢定。

認證考試畫面說明

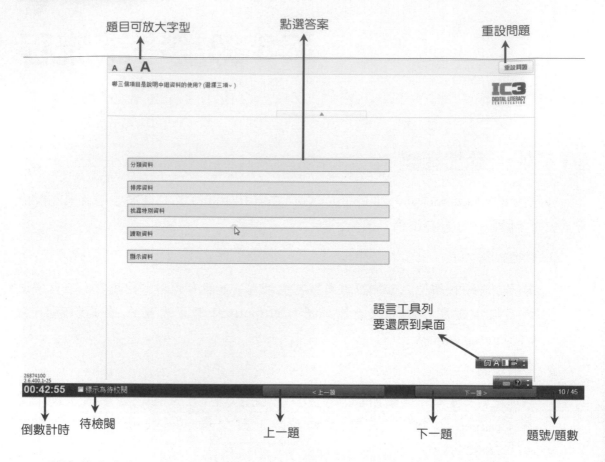

題目可放大字型　　　點選答案　　　重設問題

語言工具列
要還原到桌面

倒數計時　待檢閱　　　上一題　　　下一題　　題號/題數

視窗共分成上、中、下三個部分，其主要內容分別為：

- 上：左側可調整題目文字大小；右側為重設按鈕，會清除此題所有作答，請謹慎使用。

- 中：中間區域為作答區。

- 下：左側的「標記為待檢閱」功能為暫時略過該題，直到所有題目作答完後將標示於檢視頁面，在該題上點選「返回問題」即可重新操作。

解題叮嚀，考試過程中請注意！

- 測驗考生對軟體操作之熟悉度，實作時嚴禁更改其題號步驟順序、嚴禁執行非題目的功能。

  （例如：題目並無要求執行儲存檔案或關閉軟體時，就不需執行此功能。）

- 確認作答完成才按下一題鈕，實作題只要重新點進去即清除上次已做完，所以必須重做。

認證考試後必知重點

1. 檢定分數以系統顯示為準。

2. 考試完成後，請勿離開電腦，需立即上 Certiport 網站查詢成績，確定成績是否上傳。

3. 如認證考試未通過者，需再購買一張試卷。並依原廠規定間隔時間過後方可重新考試。

   以上認證資訊若有異動，以原廠官方網站最新公告為主。

A-3 線上註冊方式

新考生應試前須先透過 Certiport 認證平台網站　http://www.certiport.com/　註冊個人資料，審慎輸入姓名及使用者名稱與 E-mail 相關資料以免影響權益，而考試時需要輸入考生個人使用者名稱與密碼，最後通過測試，會於 Certiport 系統中產生認證電子證書，請自行下載儲存。

A-4　認證考試流程說明

　　考生實際進入考場後，其流程大致如下，若有疑慮或不解處，請於詢問監考人員後，以當時考場公告規則為主。

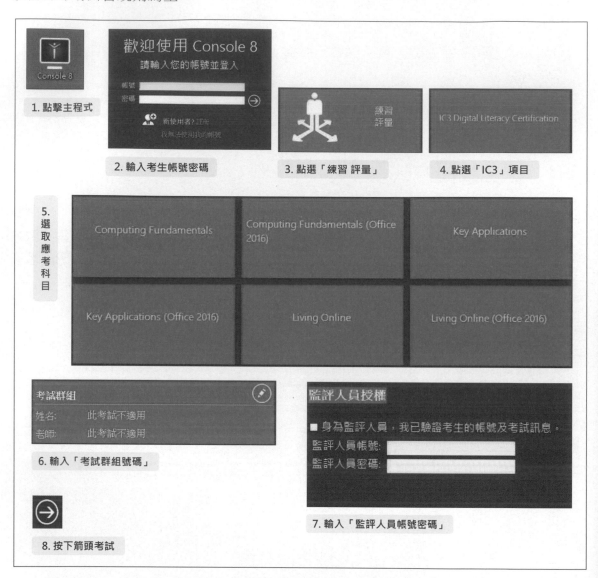

A-5　考後成績查詢與列印電子證書

於考場列印成績單副本

　　50 分鐘認證考試結束後，立刻會跳出本次考試中，在各項目得分的百分比。
請注意：考試完成後，請勿離開電腦，需立即上 Certiport 網站查詢成績，確定成績是否上傳。

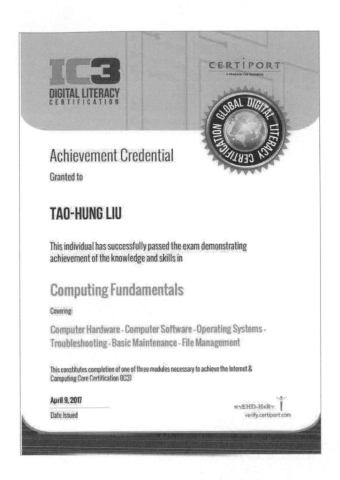

電子證書下載

通過認證考試後考生可自行透過 Certiport 網站，查詢個人成績並下載或列印電子證書。

1. 請開啟 Certiport 網站　www.certiport.com。

2. 登入您考試使用的 Certiport 帳號、密碼。

3. 選擇網頁左邊第一個頁籤「MY Certiport」→選選「My Transcript」。

4. 選擇您要下載的科目，點選「PDF」選項。

5. 移到證書畫面下方，移除「線上副本」字樣，選擇「View Official Certificate」。

6. 下載電子證書：將滑鼠移到證書圖片上，會出現印表機及存檔等符號，自行選擇要存檔或是列印證書即可。

IC3 GS5 最新計算機綜合能力國際認證--總考核教材(適用 IC3 GS5 2016 與 IC3 GS5)

作 者：豪義工作室
企劃編輯：江佳慧
文字編輯：江雅鈴
設計裝幀：張寶莉
發 行 人：廖文良

發 行 所：碁峰資訊股份有限公司
地 址：台北市南港區三重路 66 號 7 樓之 6
電 話：(02)2788-2408
傳 真：(02)8192-4433
網 站：www.gotop.com.tw
書 號：AER053000
版 次：2019 年 05 月初版
建議售價：NT$450

國家圖書館出版品預行編目資料

IC3 GS5 最新計算機綜合能力國際認證--總考核教材 / 豪義工作
　室著. -- 初版. -- 臺北市：碁峰資訊, 2019.05
　　面；　公分
　　ISBN 978-986-502-109-2(平裝)
　　1.電腦
312　　　　　　　　　　　　　　　　　　108005555

讀者服務

● 感謝您購買碁峰圖書，如果您對本書的內容或表達上有不清楚的地方或其他建議，請至碁峰網站：「聯絡我們」\「圖書問題」留下您所購買之書籍及問題。(請註明購買書籍之書號及書名，以及問題頁數，以便能儘快為您處理)
http://www.gotop.com.tw

● 售後服務僅限書籍本身內容，若是軟、硬體問題，請您直接與軟、硬體廠商聯絡。

● 若於購買書籍後發現有破損、缺頁、裝訂錯誤之問題，請直接將書寄回更換，並註明您的姓名、連絡電話及地址，將有專人與您連絡補寄商品。

成功案例

Long Beach City 學院利用 IC3 認證提高學生參與度

IC3 國際認證不僅激勵學生，也證明他們在基礎能力方面的技能

挑戰

Long Beach City 學院（LBCC）位於美國南加州，是一所兩年制的社區大學，每年訓練的學生超過 25,000 名。LBCC 的任務是向各個社區提供高品質的教育計劃和支援服務，促進學生有公平的學習和成就機會，以及發展卓越學術與能力。

LBCC 的電腦與 Office 研究系每年教授的學生超過 8,000 名，專注於幫助學生提高技能，領域遍及應用軟體、網路安全和資訊素養等等。學院提供最新的軟體，協助學生掌握技術方面的技能。

電腦與 Office 研究系的系主任 Gene Carbonaro 表示，「我們最大的挑戰是認證測驗和教科書的成本。身為一所社區大學，我們盡量降低學生要負擔的費用，但仍希望在專業領域裡助他們一臂之力，而認證可以做到這一點。」

LBCC 除了提供學生專業證照之外，還希望能證明學生在電腦與 Office 研究計劃中的成果。他們認為有三種方式能展示學生的成就：頒發學位與證書、業界核發的證照以及就業。

系主任 Carbonaro 先生主張找出一項證照來驗證學生在資訊素養方面的技能。

解決方案

電腦與 Office 研究系由於使用 Pearson 所出版的教科書，因而聽說了 Pearson VUE 的子公司——國際專業認證機構 Certiport。他們發現 Certiport 所提供的資訊素養認證似乎很適合他們的需求。

LONG BEACH CITY 學院

地點：
美國加州 Long Beach 市

整體計畫的參與情形：
每年 500 位學生

成功指標：
* 驗證學生的基本電腦技能
* 訓練學生追求更高級別的認證
* 提升學校聲望，進而吸引更多學生入學

「我們的學生利用 IC3 認證做好更多進入職場的準備，因為他們瞭解要熟練哪些工作上使用的技術。」

Gene Carbonaro
（電腦與 Office 研究系/系主任）

系主任 Carbonaro 先生表示，「以前我出席會議時就常聽到 Certiport，同業常討論他們所提供的認證，因此，我認為他們所提供的服務會很適合 LBCC需求。」

Carbonaro 先生想推動 IC3 認證，但必須找到支付認證授權與實施測驗的。他先與 Certiport 聯繫，取得最划算的授權費用，再將計畫提交給課程委。LBCC 很快地就開始推動 IC3 認證的課程計畫。

Carbonaro 先生還表示，「即使在預算削減的情況下，採用 IC3 認證還是行計畫到管理階段。」

LBCC 開始成為 Certiport 授權的測驗中心，他們先採購了少量的測驗，讓的講師取得認證。然後再獲得課程委員會的核准，每位學生使用 IC3 認證園授權費用為 7 美金。LBCC 規定大部分的學生在期末考要接受 IC3 認證驗，部分學生則是在學期結束後接受測驗。

除了 IC3 認證，LBCC 還實施了 Certiport 的 MOS 認證和 MTA 認證，提生更多的認證選擇。MOS 認證為入門級證照，而 MTA 認證則可以幫助學向技術職涯。

成果

計畫實施一年後，LBCC 交出了令人亮眼的成績，有 197 位學生取得 IC3，通過了所有的三項認證測驗——電腦基礎概論、常用應用軟體和網路應安全。計畫實施的第二年期間，LBCC 還加入 GMetrix 模擬測驗，提高學過認證的成功率。

系主任 Carbonaro 先生表示，「我們的學生利用 IC3 認證做好更多進入職準備，因為他們瞭解要熟練哪些工作上使用的技術。我們還發現通過一項測驗的學生，有很高的機率會參與其他認證課程，因為他們知道成功需要。從計畫實施以來，我們看到學生對取得認證的興趣不斷地急遽上升。」

電腦與 Office 研究系在更多班級加入 IC3 認證課程，有越來越多的教師認證作為學期的期末考。他們期望計畫能持續成長，而現在在他們已經是試少數幾所大規模實施認證測驗的學校之一。

Carbonaro 先生也表示，「LBCC 實施認證測驗有助於提高學校與科系本身望。當你能比地方上其他大學提供更多教學內容給學生，並且向學生證明學習的價值，這對學校和學生來說就是雙贏。」

更多 IC3 認證的相關資訊，請詳見國際專業認證機構 Certiport 官方網站

國際專業認證機構 Certiport 簡介

Certiport 為授權考試中心 Pearson VUE 的子公司，是全球頂尖的認證機構，業務為開發、提供認證測驗，並且Certiport 在全球各地 13,000 個授權測驗中心提供計劃管理服務。Certiport 管理許多複雜的頂尖認證計畫Microsoft 官方授權的 MOS 認證、MTA 認證、Microsoft 的認證教師計畫、ACA 認證、ACU 認證、ACP 認證、QuickBooks 認證以及 IC3 認證。更多資訊請詳見官網（www.certiport.com）。

Certiport 最高等級白金級代理商　碁峰資訊股份有限公司

北部 02-27882408　中部 04-24527051　南部 07-3847699　■ 產品諮詢專線：02-27882408 分機 822 吳先生